社区设计

许宁 张志鹏 编著

中国社区工作者的案头书

以治理为导向的中国社区设计经验

南京大学出版社

图书在版编目（CIP）数据

社区设计 / 许宁，张志鹏编著 . — 南京：南京大学出版社，2024.6

ISBN 978-7-305-28113-6

Ⅰ . ①社… Ⅱ . ①许… ②张… Ⅲ . ①社区 – 建筑设计 – 研究 Ⅳ . ① TU984.12

中国国家版本馆 CIP 数据核字（2024）第 100780 号

出版发行 南京大学出版社
社　　址 南京市汉口路 22 号　　邮　编 210093

书　　名 社区设计
SHEQU SHEJI
编　　著 许　宁　张志鹏
责任编辑 尤　佳　　编辑热线 025-83592315

照　　排 南京新华丰制版有限公司
印　　刷 南京百花彩色印刷广告制作有限责任公司
开　　本 787mm × 1092mm　1/16　印张 9　字数 157 千
版　　次 2024 年 6 月第 1 版　2024 年 6 月第 1 次印刷
ISBN 978-7-305-28113-6
定　　价 56.00 元

网址：http://www.njupco.com
官方微博：http://weibo.com/njupco
官方微信号：njupress
销售咨询热线：（025）83594756

前言

本书是良造社与南京工程学院社会工作专业合作的研究成果。多年来，我们一起将社区治理理论与社区设计实践相结合，为社区提供专业化服务。本书所分享的内容，都是从我们的日常工作中积累、学习和思考而来。

在通过设计工作接触社区的数年里，我们把“在社区进行的设计”提升为“社区设计”这一具有专属特性和需求的独特领域，明确我们所从事工作的社会意义，锁定这一工作的着力锚点，确定所需的能力要素，同时也在不断深潜，探寻可到达的专业深度。不得不说，这一过程是漫长而艰辛的，对于沉浸于具体而烦琐的事务的团队来说，我们需要决心和毅力才能坚持下来。事实证明，探索必会带来成长，我们深感自己可创造更大的价值，也更加坚信我们的责任重大。

从事社区设计伊始，我们也是盲目的。客观来说，项目效果有很多不尽如人意之处，甲方满意度不如期待，我们工作的价值感薄弱、成就感低，令人沮丧。好在团队在遇见困难时，毅然选择了在坚持中思考调整。我们发现，设计技能并不是社区设计过程中解决问题的万金油，只有清醒地认知到问题的本质，才有提升的可能性。例如，如果不能在沟通中敏锐地抓取甲方的需求，那么最可能的原因是我们不懂基层治理，所以缺乏对于问题发生场景的想象力，无法让隐性需求显像成形。再比如，社区设计对于创意发挥有着特殊的要求，商业化的设计策略虽然好用但不是总适用，其中对于“度”的拿捏，需要团队不仅见多识广，而且要对本社区的治理背景非常熟悉，否则容易“过”。其实，很难用几条规则来概括社区设计工作如何应对痛点和难点，学习社区治理实务以及基层治理所涉及的各领域知识，特别是中国社区的相关背景、制度特点、发展脉络，是从根本上创建社区设计的思维系统，建立社区设计方法论的通路。

为了做好社区设计这项工作，我们开始了没有终点的学习之旅。一方面，设计以外的学科知识，特别是能够帮助我们更好地理解中国基层治理和社区特点的知识领域，都是我们从不吝啬投入时间去认真学习的对象。另一方面，我们也致力于将通用的设计工具、设计理念导入社区的语境中，做到两者共融，通过推动社区设计的理论系统化，来强化社区设计实践的专业化。这个过程也是一个有破有立的过程——为了找到问题的答案，我们深入阅读国内外的相关著作，学习国外已发展半个多世纪的社区建设经验，特别是《社区设计》《社区营造指南》等书籍里围绕实践所介绍的理论，的确给我们带来了很多启发。然而，我们获知的不局限于此。舶来经验了解得越多，越是深刻地感受到不能把西方的社区治理、社区设计和社区建设理论及经验机械地移植到中国这片土壤上。橘生淮南则为橘，橘生淮北则为枳，不同的土壤不适宜用教条的方法种植同一样作物，更不能反过来因为无法结出期待的果实而责怨土壤的养分。我们在中国传统文化价值中也找到了一些期待的答案，这不仅给了我们惊喜，也鼓励我们更加自信，坚定了“因地制宜，设计中国社区”这一信念。从原生的文化土壤中汲取思想养分，脚踏实地从中国社区的实际特点出发，结合成熟的、与我们的社区相适配的西方经验，是本书贯穿始终的指导思想。

本书内容共分为八章，在排序上呈递进关系。这一次序的安排，来自我们对于社区设计实战的关注。开篇章节从社区最基础的设计需求进入，逐层铺陈，依次带领读者了解场景和媒介、策展、设计思维和服务设计等，其中穿插介绍社区公共空间这一社区设计的核心需求，并借此介绍治理场景、对象和工具的作用及意义。本书的最后篇章则引出社区创新的概念，引导读者关注社区创意和创新。在此章节，我们特别强调了中国特色社区的创建，阐述中国传统文化如何指导和作用于我们的社区设计工作，以此抛砖引玉，引发读者和专家的关注及思考。

本书适合作为高等院校社会工作专业学生的学习用书，以及社区设计师、社区工作人员等所有关心身边社区建设和发展的人的参考用书。社区是美好生活共同体，是携手发展共同体，社区设计必须是一个价值共创的过程。我们希望此书不仅能为从事社区设计工作的人员带来知识和启发，而且能引起更多的人对社区设计的兴趣，意识到自己能够在社区设计中作为主体发挥作用，积极地参与到社区设计中来，以此实现社区的共治共建，这是我们的终极目标。

本书的写作结合了大量的项目实例，同时也提供了行动学习的工具。我们坚信，知行合一，知识不仅来自书本，也来自行动实践，更要为实践服务。行远自迩，笃行不怠，我们才能不断地进步和成长。

本书是南京工程学院社会工作专业系列教材中的第二部，第一部《社区治理理论与实务》由南京大学出版社在2022 年出版。后在南京工程学院为社会工作专业学生开设了项目实训课，积累了一定的教学经验。本书的写作和出版得到了江苏省社会工作协会、南京红叶社会工作服务社等多家社会组织和城乡社区的大力支持。感谢所有机构和朋友们长期以来的鼓励和帮助。书中可能存在的错漏之处全部由作者负责，欢迎各位读者提出意见和建议。

编者

2024 年5月

目录

第五章　设计思维在社区

第六章　社区设计指导准则

第七章　社区设计的治理功能

第八章　社区设计创新

社区便民服务中心

第一章
社区品牌

在《现代汉语词典》中,“设计”一词的释义是“在正式做某项工作之前,根据一定的目的要求,预先制定方法、图样等”。作为社科术语,汉字“设计”二字从英文“design”翻译而来,由词根“sign”和前缀“de”组成,分别指“标记”和“向外”,意指通过“标记”使某件事物实现某种状态、达到某种标准,或是被感知。设计是一个内涵丰富、外延宽广的词语。它可以独立存在,也可以和众多不同属性的词汇共同出现,构成不尽相同的定义,如建筑设计、工业设计,服装设计等。对于“社区设计”的定义,每位学者、社区工作者、居民和设计者的观点或许都会有所不同,但大家对于社区设计需求区别于其他领域设计需求的独特性都有共识——为了明确该种独特性,我们把“满足社区治理需求”设定为社区设计的前提。通过“规划”“安排”“表达”或“传达”等关键词来解决此前提框架下的任何问题,是社区设计的基本使命。学习社区设计的过程,是了解和理解社区治理的过程,同时也是建设解决社区问题方法论的过程,这意味着我们必须投身社区,建立起与中国社区实际情况相融合的参与方式,并形成与之匹配的思考角度。

01 从 Logo 启动社区品牌设计

无论是否学习过或者接触过设计，大多数人在创办一家企业或非营利机构、打造一个产品或服务的时候，首先想到的是设计一个标识（logo）。这是来自经验的总结——我们在工作中和生活中接触到的实体，几乎都拥有一个标识（logo），并尽可能将其对外展示。这种现象揭示了logo存在的必要性，而设计(design)一词的词根sign本身就有标识之意。因此，我们选择把logo设计作为探讨社区设计的切入点，以此渐进深入学习和探讨社区设计。

设计logo这项工作的优先性，恰恰说明了视觉传达的重要性。在人类的感官中，视觉最为重要，获取信息的能力也最强。古希腊学者亚里士多德在其著作*Metaphysics*（《形而上学》）的开篇即颂扬了视觉，他认为视觉是每一种洞见、每一种认知的范式所在。视觉之于社会发展的影响和作用是如此显性，以至于艺术学、社会学、哲学都将其作为研究对象，当代著名的社会学家和媒介学家，如约翰·伯格、麦克卢汉、苏珊·桑塔格等都在视觉研究上有所著述。约翰·伯格在其著作*Ways of Seeing*（《观看之道》）中是如此描述"观看"的独特性的："我们观看事物的方式，受知识与信仰的影响。观看先于语言，然而，这种先于语言，又未曾被语言完全解释清楚的观看，并非一种对刺激所作的机械反应（除非把视觉过程中同视网膜有关的小部分孤立出来，这种看法才能成立）。我们只看见我们注视的东西，注视是一种选择行为。注视的结果是，将我们看见的事物纳入我们能及——虽然未必是伸手可及——的范围内。我们从不单单注视一件东西；我们总是在审度物我之间的关系。我们的视线总是在忙碌，总是在移动，总是将事物置于围绕它的事物链中，构造出呈现于我们面前者，亦即我们之所见。"苏珊·桑塔格在*On Photography*（《论摄影》）的第一篇文章中说，人类一直生活在"柏拉图的洞穴"中，比起真实的事物，他们更喜欢图像。麦克卢汉则认为视觉的重要性并不是与生俱来，而是伴随着人类社会的发展而同步渐进形成。在原始社会，人类的五大感官——听觉、嗅觉、触觉、视觉和味觉，都同样重要并且被均衡使用。当印刷术出现后，人类的文明进入新的发展阶段，五感均衡被打破，"观看"和"阅读"成了人类交流沟通和文化传播的最重要的方式。当代蓬勃发展的移动终端和数字媒介印证了麦克卢汉的这一观点。

图 1-1　柏拉图的“洞穴之喻”

在人类历史中，图像是早于文字出现的。人们用图像记录事件、传递信息、表情达意，图像是远古人类最重要的交流媒介和文明编码。中国古代的视觉传达系统非常发达，即便是有文字之后，如敦煌壁画这样基于图像的文化系统依然发挥了强大的沟通作用，有的还成为世界艺术文化瑰宝。事实上，logo 设计这项在今天看来很现代的工作，中国也走在了世界前列。早在千年之前，北宋年间，中国山东济南的刘家针铺就拥有了自己的 logo。商号标识的图形中有一只可爱的小白兔在捣药，采用铜板雕刻印制，比现代设计鼻祖英国最早的印刷广告还早了三百多年。

图 1-2　刘家针铺

相较于文字，图像这种媒介具有其特定优势。首先，图像更加简洁。文字需要有大段的描述，图像有时只需几笔，便可传递出丰富的信息。其次，图像的构成要素比文字更加丰富，它有形状、色彩，更便于识别和记忆，并且突破了语言或受教育程度的限制。现在，我们的社区里生活着不同年龄、不同教育背景、来自不同家乡、说不同方言的居民，但他们对于图形的认知不会存在大的分歧。此外，图像在作为信息的客观载体发挥功能外，还兼具艺术性和审美性，这并不仅仅意味着图像的视觉美会给我们带来愉悦感——人类拥有想象力的天赋，图像的艺术性意味着大量只可意会、不可言传的感性体验，只有通过图像才能快速传播和传达，简言之，图像可以放大感知的效力。

视觉图像拥有这么多优势，设计者一定要发挥视觉图像之所长，切忌扬短避长。一项优秀的 Logo 设计应具有以下特点：

01 它一定是简洁的，如果设计者在一个标识上堆砌过量的信息，那么它必定是复杂的，在信息传达上也是低效的。

02 它应该是有创意的。什么是创意？创意是独特和创新。独特和创新的目的是设计容易被识别、容易被记忆。

03 它最好是图形化的，随着传播媒介和应用场景的变化，设计越来越扁平化。在实践中，把品牌名称直接作为 logo 主要素的情况越来越普遍，即便是这样，品牌名称的视觉也一定会经过精心设计，进行文字图形化处理。

04 好的 logo 应该具备视觉美，颜色清新、结构平衡、造型亲和，因而具有情绪感染力。在现实中，我们极少见到大块黑色组成的 logo，让人心生畏惧的视觉形象是失败的设计。

专业的问题往往是失之毫厘，谬以千里。设计的专业性，并不在于设计者是不是艺术设计背景毕业或熟练使用设计工具，而在于其感知和预判设计使用和应用中可能存在的问题，并在设计过程中提前解决问题的能力。

图1-3 的emoji 表情为一个非矢量格式的手绘图像。被放大之后，图像的线条边缘呈锯齿状，形态失真，细节丢失，视觉效果模糊粗糙。

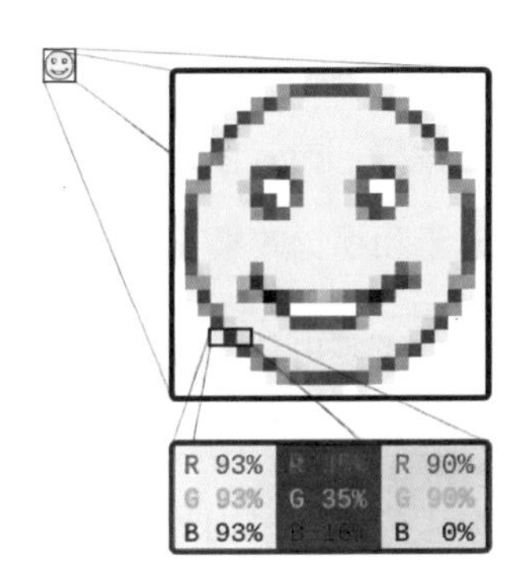

图 1-3　表情图

优秀的标识设计更接近于机械制图，即通过一定的构成法则来安排几何形状，组合成具有意义的logo 图形。这是理性的、有规律可循的创作过程，如此制作出来的几何形态标志，具备严谨的秩序感，在视觉表现上兼具冲击力和亲和力，并且易于识别、便于记忆。

很多标识的设计并没有抽象和升华的过程，只是名称的首字母、具象形态、地域或者多种元素的强行关联和堆砌，有些即便是元素的堆砌，也没有得到精心的安排，没有任何创意性的元素，因此既没有明确的个性，也不能激发受众的想象力。

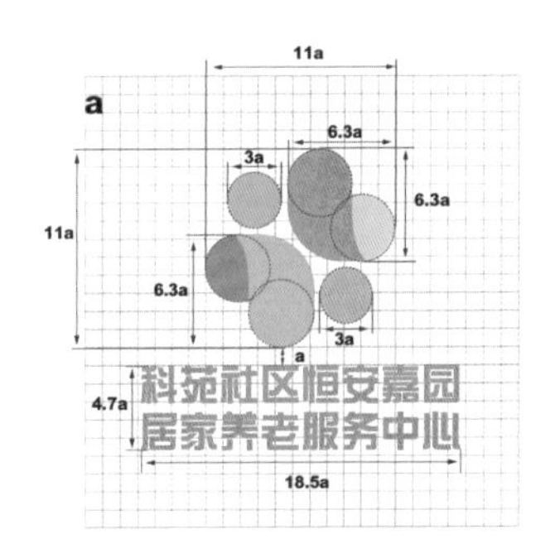

图 1-4　机械制图

图1-5 是一款有机产品标识，在视觉美的处理上已经优于很多元素混乱的标识，但是它的内部元素也很多，稻谷、地球和太阳这些具象的元素同时出现，以至于无法清晰辨别产品品类和品牌理念。相反，如果标识更为简洁、直接、清晰，那么将会更容易被识别记忆。我们把大众所熟知的当代设计箴言“less is more” 翻译成“如无必要，勿增实体”，增加的实体要素越多，干扰性就越强，传达信息的效率就越低。Logo 设计的恒久法则是“简洁就是力量”。

图 1-5　有机产品标识

设计是具有时代属性的，假如追溯一下像百事可乐这样具有百年基业的品牌所历经的发展过程，就能够清晰地发现logo 设计伴随着设计工具和应用媒介变迁而发展的整体脉络。 19 世纪末，计算机视觉离我们尚远，最早的标识应该是人的手写字体，之后进行雕版印制 。进入20 世纪后，工业胶版印刷开始大规模应用。20 世纪50 年代，从百事可乐的logo 上可以看出非常典型的电视时代的痕迹 , 而今天的标识则呈现出明显而深刻的移动互联时代特征。什么是移动互联时代的标准？如果只能用一句话来问答这个问题，那么答案是，logo 图形可以直接拿来做 App 或社交媒体的图标，而并不会损失任何的造型元素和视觉效果——这就是今天的设计环境向设计者提出的需求。

很多知名品牌在标识设计上都历经过数次提升。以乳业品牌蒙牛为例，老版的logo 图形由月牙形态的元素切分背景，构建出绿色草原的意象，该图形主要以手绘创作，细节元素跟绿色背景相对独立，无法形成整体。在放大应用的时候，手绘元素容易出现失真，很难保证视觉系统持续标准化落地。因此，在新版设计中，蒙牛将月牙形态进行了提升，采用了几何制图的方法，换言之，图形更加扁平化，也可以确保logo 设计标准化落地执行的可持续度。

知名商业品牌的设计可帮助我们初步熟悉设计的入门标准。简洁、个性、有情绪感染力，这些关键词同样也是社区logo 的评价基准，但社区logo 并不止步于此。有鉴于社区作为“社会治理基本单元”和“共同体”具备特殊的社会属性，对于logo 设计提出更多特定层次的需求。

亲和力

社区的服务对象是广大居民，亲和力是居民乐意接受的一种感情量度，具有亲和力的社区logo，其底层逻辑是与居民产生亲近感、破除距离感。因此，社区logo 切记避免高冷、清冷，它需要生发热量和温度。

价值观引导

社区 logo 不需要如企业 logo 那样彰显行业和产品，但应具备传递和引导价值观的功能。建设共建共治共享基层治理新格局需要社会信任和社会资本，积极的价值取向应得到倡导和传播。

党建及治理要素

社区是社会治理的基本单元，也是党和政府联系、服务居民群众的“最后一公里”，在必要时应将党建和治理要素融入社区 logo 的设计，体现党建引领社区治理。

科苑社区慈善超市的logo 设计取材于四叶草和爱心并进行融合，视觉直接印象关联至爱心奉献的主旨，充分表达慈善行动为社会带来的积极影响。设计者对图形进行了巧妙合理的处理，建构出字母K，象征“科苑社区”，设计思路清晰，几何标志的制图清新灵动，既有生命力也有亲和力。

四叶草：友善，亲切

慈爱，爱心

K：科苑社区

科苑社区慈善超市

南京江宁淳化街道科苑社区慈善超市 logo 设计

社区 logo 设计案例

科苑社区恒安嘉园
居家养老服务中心

02 社区建设品牌的意义

很多情况下, logo 和品牌会被混淆或被认为是同一事物, 这种观点是错误的。Logo 是图形标识, 而品牌是一套系统。logo 设计出来之后, 整个品牌系统就因此确立了吗? 答案也是否定的。logo 只是建立品牌系统的其中一步, 而我们需要设计的不仅仅是logo, 我们需要设计的, 是品牌本身。事实上, 品牌既是有形的, 也是无形的。它是标识, 是招牌或灯箱, 是名片或宣传页。它的本质是由名称、标志、产品、理念等内容构成的认知集合体, 是机构通过长期运营留在人们心中的印象, 而这种印象最直观的体现就是它的名称与标识, 就像一个人的姓名与样貌。每个人都是复杂的个体, 有着丰富的个性, 但名字和体貌是首先能够被他人记住的要素。

Q: 社区为什么需要品牌?

如果只能用一句话来回答, 答案是“社区要有影响他人的能力”。社区作为中国社会的基层治理单元, 承担着繁杂的功能, 包括但不限于在政府部门的指导下, 在社区党组织的领导下, 组织社区成员进行自治管理的管理职能、协助办理社区公共事务和公益事业的服务职能、组织引导开展法治、公德、文明学习的教育职能, 以及对社区内物业管理或其他机构的监督职能。社区品牌的本质是社区提供服务的“人格化”, 是将不可见的体验和感受可视化, 让社区在居民的心目中有血有肉、有思想有温度。只有在居民的认知中获取一席之地, 赢得其关注度和认可度, 社区才有能力对居民产生影响, 吸引和引导居民进行互动, 更好地完成社区各项工作。

Q: 社区需要什么样的品牌?

现在社区承载的职能非常多, 社区品牌的范围、属性和定位都是非常多元化的。在实践中设计的社区品牌, 涵盖社区养老、社区文化、基层治理、红色物业等各方面。社区品牌定位不同, 设计需求不同, 设计风格也各不同。然而, 我们现在也越来越建议社区在构建自己品牌的时候提前做好规划, 使用一个独立品牌来承载尽可能多的基层治理职能。如果一个品牌无法概括所有工作意义时, 社区可以选择使用品牌矩阵, 但构成矩阵的品牌数量应控制在三到五个。如此安排的主要原因是, 社区的资源和力量往往相对有限, 不同社区的情况也千差万别, 多品牌策略的话必然会分散掉每个品牌可以得到的传播资源和关注度，不如集中火力建设一个品牌来得更加高效。不仅如此，人的注意力和记忆力也是有限的，多品牌，特别是品牌之间不能协同，不但不会强化人的印象，反而会稀释人的关注，导致每个品牌都同样的薄弱。

03 社区品牌建设的方法论

社区品牌设计的方法论与商业品牌没有本质的区别，比品牌设计成果更重要的是构建品牌过程本身。构建社区品牌的过程，是认真梳理社区当前基层治理和服务系统的过程，也是深入思考社区在地发展理念和目标的过程。这个过程围绕品牌建设三要素展开。

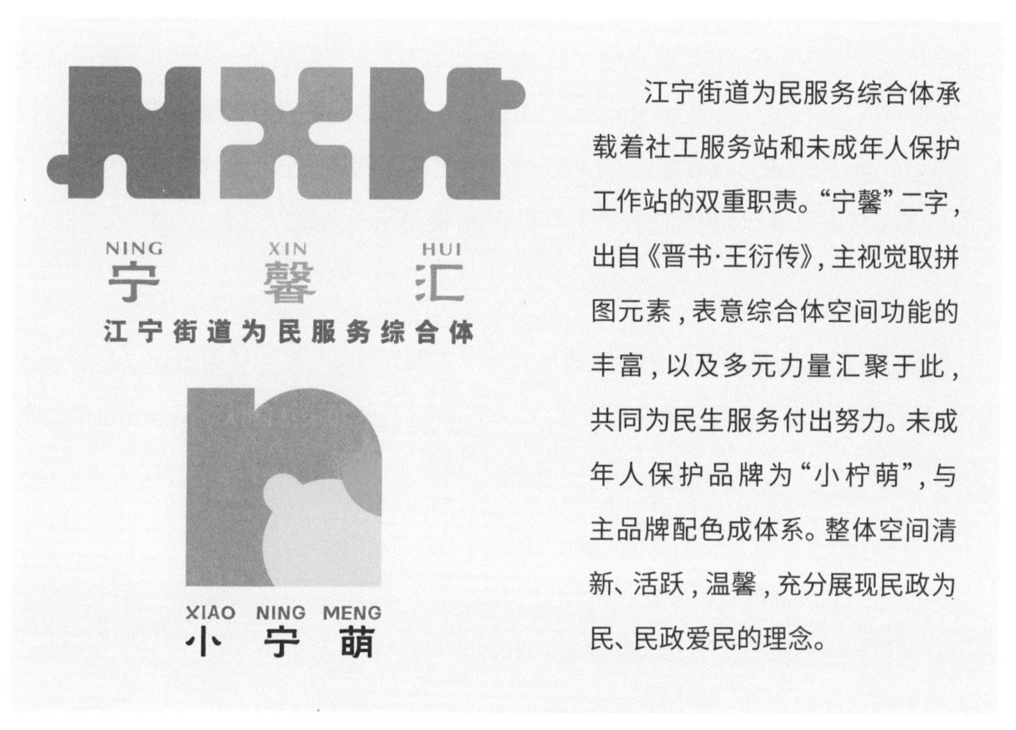

图 1-6　江宁街道为民服务综合体

首先，找到定位，思考这个社区品牌要关于什么，要代表哪些人，要传递怎样的价值取向，要发挥什么样的作用。找准定位后，输出的就是品牌名称。

其次，有了品牌名称，设计者即可设计一个 logo，并且用 logo 去发展出整个社区品牌的视觉系统（VI），建立品牌形象。从此，社区有了具象的外貌。

VI，是英文 Visual Identity 的缩写，中文常翻译为视觉识别系统，它能为品牌建设提供清晰直接的视觉表达，进而通过把品牌文化和概念转换为独特的符号来创造特定的品牌形象。视觉识别系统作为品牌价值建设的重要内容，利用视觉激发消费者的某种体验或感受，以视觉方式传递整个品牌的价值信号，因此，它也是一种价值和标准。VI 包括两个主要分类：基础项目和应用项目。基础项目包含品牌命名、机构标志设计、文字、色彩、图像及广告宣传口号等元素，应用项目则包含产品包装、办公用品、工作环境及广告设施等要素。

社区品牌 VI 系统的基础项目可以有 logo、字体、配色、辅助图形等，应用项目则可以根据需求灵活选择部署，常用的有门头、导视、海报、展架等。

最后，社区和设计者需要为这个名称的 logo 来撰写一句 slogan（口号），slogan 的作用是让品牌表达观点，并以此来创建意义。由此，社区开始发声，一个新生品牌呱呱坠地，向世界确认它的存在。创建 slogan 的基础工作是围绕名称开展的文案撰写，但在视觉上要与 logo 图形设计相互配合，不仅要在表意方法上保持一致，设计者通常也需要对 slogan 的字体进行设计，使之在视觉上也和 logo 图形组成系统。

南京江宁淳化街道科苑社区投入打造社区公益共享空间，整个项目设计以品牌设计先行。设计团队对项目属性和需求做了详尽调研，确保社区和设计团队对品牌定位的理解一致。

项目启动伊始，设计团队首先分析了社区公益共享空间的发展现状以及存在的问题，梳理出共享空间当前需要实现的功能要素，以及未来的发展目标和愿景，但设计者并不满足于此，他们同样对公益共享空间面临的困境和发展趋势进行了深入的探索，在此基础上，设计团队提出社区公益共享空间的设计构想。品牌名称经过头脑风暴、梳理策划，最终经甲方选择和确认，选定了“科梦汇”这个名字，“科”代表科苑社区，“梦”代表梦想、中国梦，“汇”表示

图 1-7　科苑社区公益共享空间

汇聚人群。汇聚公益力量，实现美好梦想，这是社区公益共享空间希望承载的主题和实现的目标。“科梦汇”三个字的发音与英文 commonwealth 接近，而 commonwealth 正是“公益”的意思，中英文一致的语义强调了品牌的价值追求。

名称一旦确定，标识设计即为下一步工作，通过字体设计和图形设计相结合，一个清新温暖的 logo 随即诞生。作为建立品牌的最后一步，设计团队带来一句 slogan——世界因你而温暖，这种“我可以通过公益让世界更温暖”的意义感，带来了力量，也号召我们行动。

一个社区公益品牌就这样确立起来了。此外，设计团队非常注重将传统文化中的人情温暖融入设计，为“科梦汇”策划了 4 个子品牌，里仁、同德、云滴和青葵，这 4 个品牌分别对应空间的四大模块：

图 1-8　“科梦汇”的 4 个子品牌

既包含对年轻人的殷切期望，有朝气蓬勃之感，又有对长者的无限关爱、互相扶持的温情。现在，视觉识别系统中的基本体系已经搭建完毕。

在应用程式体系上，“科梦汇”项目的分区、动线设计、软硬件设施设置等，既服务于当下，又包含了灵活性、延展性和功能前瞻性的特点，具有极高的未来匹配性，空间装饰导视从 logo 发展出整个社区品牌的视觉系统，营造轻松活泼的生活氛围，提升空间感觉，建立品牌形象；工作牌、文件夹、帆布包、手机壳、水杯等创意性 IP 衍生品的呈现不仅为公共空间增加趣味性，同时可以营造轻松活泼的生活氛围，提升空间感觉。

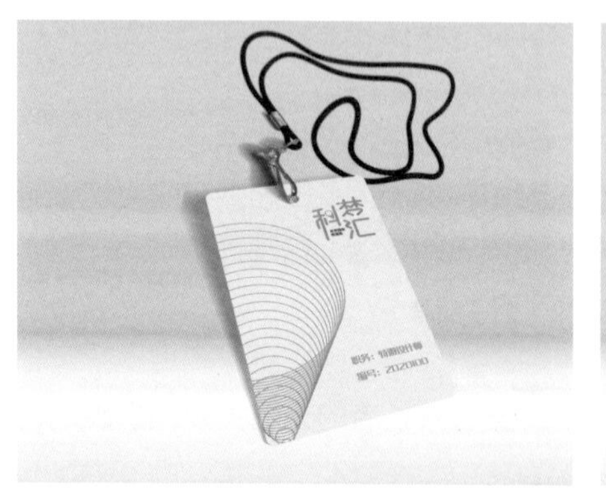

图 1-9 “科梦汇”内景及周边产品

在社区设计的过程中，社区设计团队以科苑社区的公益发展为愿景，精心打造“科梦汇”品牌，巧妙地运用策展思维，从治理理念入手，将功能、场景和意义进行融合设计，构建承载“科梦汇”梦想的空间，并且为空间创建自适应与成长的可能性，帮助社区公益空间转化为具有活力的生命体！

04 社区品牌定位

在品牌建设中，定位是最为重要的工作，对于社区品牌也是如此。营销学上的定位理论，由两位营销学大师艾·里斯和杰克·特劳特于1969 年提出。它在市场营销语境下的定义是，在“顾客心智”中，针对竞争对手确定最具优势的位置，赢得用户的优先选择，使品牌胜出竞争。简单来说，品牌要在用户的心目中与众不同，才能被选择。

社区品牌不是商业品牌，是否需要定位？

需要。

首先，在“多元联动”建设社区的前提下，社区要争取政府、社会资源、商业力量等多方支持以及居民关注，本身也是处在竞争的环境中。希望赢得各方的倾向性，就要重视品牌的建设，成为这些资源的优选对象。此外，资源的匹配度也很重要。社区品牌定位明确，可高效吸引适配的资源，避免资源错配所带来的低效和负面影响。

其次，虽然社区属性相同，但社区本身的区位特点、居民结构、产业基础、自然资源等不尽相同，甚至差别很大，不同社区的治理方法和发展路径也应因地制宜。“一社一品”理念的提出，正是为了提倡深耕本社区，发展适合本社区的服务治理模式。为社区品牌进行“定位”的过程，正是深入了解分析本社区，为本社区制订治理和发展规划的过程。从居民情感角度，他们会感受到社区为本社区居民切实着想，为本社区居民的诉求代言，从而对社区更加认同。

城市型社区和乡村型社区的品牌定位不同，同样是乡村型社区，产业基础背景不一样，品牌定位也会不同。历史悠久的社区，治理模式经多年打磨已非常成熟，品牌或更趋向于表达模式沉淀和社区文化。新建立的社区，品牌则更具备理念性和引导作用，指明社区发展方向，传递社区共建新精神。

因此，社区品牌定位探究和执行的必要性更关乎着本社区的发展目标和发展愿景。如何能让社区全体居民、联动资源、政府部门都能对本社区未来发展的方向有统一共识，力往一处使，劲往一处用，有着明确定位的社区品牌无疑会大为助力。若将社区比作一家企业，那么社区品牌定位相当于为企业制定战略规划，是集约利用资源、聚焦本社区需求、因地制宜建立本社区治理模式的必由之路。

社区品牌建设的过程应是共建的过程。对于社区治理和发展方向的调研，可以邀请政府、社区工作团队、居民、社会力量等共同参与。品牌名称和 slogan 的初始策划、logo 的设计素材等，可以采用面向社区征集的形式，再由社区牵头，进行系统专业的设计。社区品牌建设不是一蹴而就的过程，社区，尤其是新社区，可以利用该过程，聚合社区能人、达人和热心人，提高居民和社区的黏性，加深相互的理解。

社区品牌系统（名称、logo、slogan）建设完毕，并不意味着社区品牌工作到此为止。如同一个新生的孩子，上户口时就已有了名字和样貌，但他 / 她要经历家庭持续的关爱和培养，以及自身不断地学习，才能成长为家庭的顶梁柱、社会的栋梁。社区需要对自身品牌持续地投入，赋予品牌更多的内容和意义，让品牌稳稳立在受众的心中。

第二章
社区场景

很多社区费尽心思想出一个名字并设计了 logo 之后，又陷入一个新的困惑——似乎很难让这个名字深入人心。出现这种情况，社区首先要复盘，分析在品牌策划设计方面是否存在硬伤，用接地气的话来说，是不是“这个 logo 不好用”。例如，品牌策划脱离治理实践，视觉传达和社区理念相差甚远，导致品牌没有被使用的机会。或是品牌设计时没有架构好视觉系统，应用工具不适配，比如 logo 只有 JPEG 图片格式，无法消除背景色，不能完美融入每一项新物料的设计；又或者图形不是矢量模式，尺寸放大或缩小易变形或损失清晰度；也可能是配色系统考虑不周，在社区的视觉大环境中表现弱势，如鸡肋般弃之可惜却又无法发挥更大作用。设计的专业问题，只能由专业的人士去解决。社区在设计品牌时，一定要委托给专业人士和专业团队，避免一知半解却过多干预，给后面的品牌运营造成隐患。

除了设计缺陷之外，此类情况发生的另一个重要原因是，社区缺乏品牌运营的意识，不了解如何去运营品牌，也不懂得如何把品牌运营工作融入治理实践中。社区品牌的建设，不是一蹴而就的事情。社区品牌创建之后，需持续地发力，不断地通过基层治理工作实践品牌、宣传品牌，也持续以更丰富的内涵注入品牌，推动其成为富有影响力的强势品牌。如果只是设计出来，而不去使用和运营，它只是人们耳熟的一个名字，不会发挥大的作用，更不会和居民产生任何情感连接，因此不具备任何实质性意义。

这是一个长期的过程，也是需要社区持续投入资源的过程。投入资源，便会带来资源使用效率的问题。社区的资源有限，若想做到事半功倍，我们就要想方设法了解让社区设计发挥作用的关键词：场景和媒介。懂得社区设计、治理场景和场景中的媒介如何各自发挥作用和相互协同，以此指导我们高效推进在营建社区品牌过程中的所有具体工作。

01 社区治理的场景思维

“场景”原指戏剧、影视剧中的场面，我们可以理解为各类装置、道具组合起来的舞台，用来表现故事发生的地点、空间和时间。将“场景”纳入社会学理论源自著名的社会学芝加哥学派。20世纪80年代，新芝加哥学派的代表人物，特里克拉克和丹尼尔西尔创立了“场景理论”。该理论主张物理空间不仅需要提供功能，而且需要传递文化和价值观。不同的物理空间应设定不同的目的，针对不同的人群设置不同的舒适物，创建不同的体验，最终实现不同的功能和/或传递不同的文化或价值观。

场景理论对于人们居住空间品质的提升有着深远的影响，城市学家、规划者、设计师都对场景理论投以关注。场景理论已广泛应用在中国的城市发展和乡村振兴中，很多城市提出了“场景营城”的口号，很多乡村也在场景理论的指导下，致力于构建乡村发展的文化驱动力。作为城乡建设基本单元的社区，首先在治理策略上就需要普遍导入场景理论，其次在宏观设计和微观治理中也应广泛地应用场景思维。

儿童友好型社区的打造，是场景在社区设计中相对成熟的应用。联合国儿童基金会在2018年发布了《儿童友好城市规划手册》，明确提出要打造健康、安全、公民身份认同、环境可持续、繁荣发展的儿童友好空间。儿童权利、儿童参与、儿童安全和儿童成长是儿童友好社区的关键词，社区设计要以儿童特定的行为特征和心理特征为设计准则。以下几个场景在儿童友好型社区里不可或缺：服务场景、学习场景、运动场景、探索场景、艺术场景和生活场景。这些场景不是功能要素的简单组合和堆砌，而是通过要素的合理组合和悉心安排，特别是要增设一些精神舒适物来满足儿童的诸多需求，比如温暖的色彩、有亲和力的卡通形象、模拟美好自然环境的室内软装等。

近年来，在治理领域，我们常用九大场景来展示未来社区的美好图谱，即邻里场景、教育场景、健康场景、创业场景、建筑场景、交通场景、低碳场景、服务场景、治理场景。这些场景共同组成一个基于智慧技术的、完善规划且得到充分发展的物理和文化空间，成为让城市发展更现代、政务服务更落地、人民生活更美好的基本承载平台。未来社区是全面提升社会基层服务和综合治理能力的一场变革，是深度促进社会文明进步和文化传承发展的一个载体，它是与时俱进的。在上海、杭州等城市，很多新社区是伴随着产业发展、居住配套、人口迁入而同步诞生的。此类社区里，青年创业人群比较多，基于灵活办公、头脑风暴、创意发散的创业场景是必不可少的空间特征。未来社区的治理场景，则充分地拥抱智慧技术，利用各种智慧平台和工具，为居民提供智慧化服务、智慧化组织和智慧化治理。

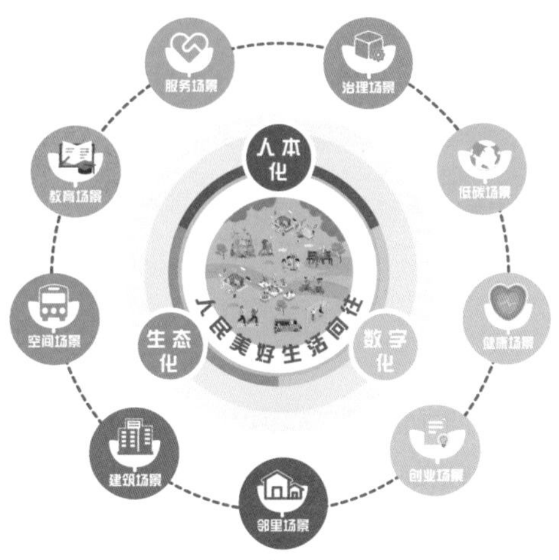

图 2-1　未来社区九大场景

场景理论自诞生至今，经过学术界不同维度的理论探究和社会层面不同领域的应用发展，已经成为一个包罗万象的知识域。正因为如此，我们更需努力地分析场景之于社区设计的启发与指导，以此更完善地完成社区设计。

首先，场景给社区设计者的启发是环境并非不可撼动的客观物，而在于人们的创造。这种创造既基于现实也基于期望，它是我们的选择，我们倾向于让它成为我们现实生活的一部分——这意味着人在社区设计中的主体性和主观能动性。对于我们所栖居的家园，我们既要有做出改变的勇气，也应不吝啬我们的时间和智慧，投身其中，共建美好的家园。

其次，场景创造关系。场景下的关系是个复合体，包括但不限于时间和地点的关系、人和环境的关系、人和人之间的关系以及人和社会的关系。置身场景中的人，更容易产生连接，加深了解和达成共识。这种关系的生产和再生产，推动群体凝聚力的发展，也提升了群体归属感，而群体凝聚力和归属感正是社区实现共建共治共享的基础。

最后，场景培育精神。当各类要素组合，创造出独特场景的时候，这些场景便开始赋予生活以意义、体验和精神共鸣。当一个社区变成场景的时候，它就可以成为培养各种精神的地方。我们在社区创建场景，不仅满足现有需求，而且希望通过场景，进行价值倡导，在潜移默化中完成公民精神的培育。从某种意义上来说，具备场景意识的社区设计，是为未来更美好的社区布局。

因此，场景绝不是形式主义陷阱，也不是模棱两可的时髦热词、用来标榜理论的高谈阔论，相反，它具有非常现实的指导意义。我们要强调的是，社区设计者不应仅学习设计工具、手绘或色彩，而忽略对于社会学或人类学知识的学习。优秀的社区设计师要紧紧跟上社会治理和社区治理的理论发展，不断刷新自己的知识边界，同时坚持用人文的视角来实践设计工作。

场景从诞生伊始，就和物理空间深度绑定。社会学家赋予“场景”的概念是一个“地方”的整体文化风格或美学特征，而“地方”（place）毫无疑问是基于物理空间边界进行划分的。然而，受网络时代所带来的社会变更的影响，空间不再只是实体的，在媒介技术工具和媒介终端的加持下，大量虚拟空间出现并渗透进我们的日常生活中。因此，场景也早已突破物理边界，技术化场景和虚拟场景是我们今天常常提到的工作对象。

社区设计的核心目标是满足基层治理需要，更好地推进社区治理。在开展一个社区的设计工作之前，我们需要先对本社区的治理场景做个梳理，对承载治理场景的物理空间、虚拟空间和技术媒介做全面的了解把握，以便更好地安排各类要素。

室内：党群服务中心、新时代文明实践站、文化礼堂、社区居家服务中心、调解中心、网格站

室外：广场、街巷、楼栋、公园

虚拟空间

网格群等微信群、微信朋友圈、腾讯会议等

一个社区通常会拥有一个党群服务中心，除此之外，社区还会有党建阵地、居民议事空间、网格站、新时代文明实践所或者街道的新时代文明实践站，还会有为社区老人建立的居家养老服务中心、为孩子打造的儿童空间及一些公共文化空间。社区的工作场景也不局限于室内，工作人员还会走到户外，走进小区的楼栋间和广场上，走到街巷间，走到居民身边。我们观察到的是，场景下的墙面正在消失，室内和室外不再分别是独立的场景，而是根据需要组合成同一场景。通过设计，室内的功能要素可以延展布局到室外，同时也把室外的光线和景观及通行的人都引入室内。这些要素组合得更紧密，加强了场景。如果理解了这点，也会更加理解为什么我们倾向于为室内空间做落地窗或拉窗、做通透的空间大布局，以及强调空间开放性的背后原因。

除物理空间之外，社区治理还有很多虚拟空间，比如网格群，以微信群、腾讯会议或其他在线会议软件工具召开的线上议事会，公众号的推送，以微信朋友圈为代表的私域传播，这些都是没有发生在物理空间里，但已经在客观上发挥着重要作用、不容忽视的虚拟治理场景。

正在消失的不仅仅是物理的“墙”，实体空间和虚拟空间之间的边界也在消融。在场景语境下，一位社区书记发在微信朋友圈的九宫格图片、一位社工发在抖音的短视频、一位居民发在小红书的生活记录，和在一间社区党群服务中心的会议室召开的会议并没有本质上的区别。在很多情况下，两者作为同一场景的组合要素，还会协同发挥作用。它们之间不仅仅是双向灵活切换的关系，还在逐渐实现无缝连接，融为一体。

民主议事全场景案例

在社区建设管理中，坚持“凝聚民心，服务百姓，构建和谐社区”的工作目标，把社区大事小情拿到会议上说一说、议一议，通过和谐协商议事一起探索解决居民反映的热点、难点问题，“大家的事大家办”，营造和谐安定的生活氛围。比如，在很多老旧社区都能遇到的加装电梯难题，社区就可以引导物业、业委会、社区能人等基层多元主体共同参与，通过民主的方式解决民生的问题。由社区牵头，组建加装电梯楼组议事会，同时采取多种议事方式。

01

发放调查问卷，了解居民对于加装电梯的意愿，切实体会居民的顾虑和考量，从居民的角度出发，为民众办实事。

02

基于新时代网络媒体发达、群众生活节奏快、居家人员少的特点开展线上会议，居民踊跃发言，就加装电梯问题提出自己的想法和建议，更好地进行协商。

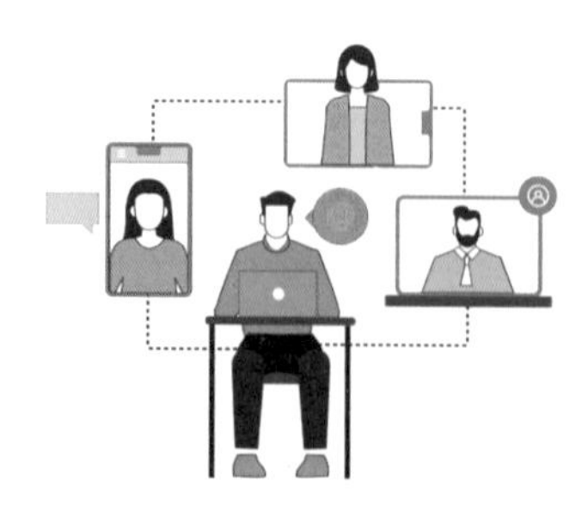

03

邀请居民在公告栏的特定位置写下自己的想法、观点，从中挑选合适的建议并进一步讨论。

04

召开议事会，以“社区议事厅”为依托，形成多方参与、民主协商、互融互动的治理格局，围坐在一起协商议事，为提升社区人居环境建言献策。

通过以上方式，共同商讨加装电梯过程中遇到的问题，做到了及时了解情况、及时协商处理、及时汇报，实现社区事务“短平快”受理，大大提升社区群众参与感和满意度。当项目快要启动了，又有不少居民开始担忧：“对加装电梯的采光、噪声等问题抱有疑虑，担心对自己的生活造成影响。”

05

社区再次发挥居民主体参事议事作用，进行头脑风暴，广泛收集居民“金点子”。

在居委会、业主委员会、物业公司以及社区能人的群策群力下，大家一致决定，先打造一个加装电梯样板楼，打消居民对于加装电梯的疑虑，为其他楼栋提供可复制、可借鉴的经验。在电梯施工阶段，居民积极性被激发起来，自发为议事会出谋划策，帮助议事会做好舆论引导、矛盾调解等工作。施工结束后，居民又自发组织制定了《电梯使用公约》和《搭乘须知》，老房终圆“加梯梦”。在样梯的示范作用下，社区里越来越多的居民萌生了加装电梯的想法。

06

让居民自己投票，使其决策意见成为社区建设的一部分，确定最终方案，实现公平公正，也满足了绝大多数居民的需求。

07

此外，在社区群众活动密集、辐射面广的场所设置居民信箱，倾听群众的心声，了解民众的反馈，真正做到了情为民所系、利为民所谋、权为民所用。

民主议事场景多样，采用多种民主议事形式能够化解难题，解决涉及群众切身利益的矛盾纠纷，真正让社区治理难题件件有着落，事事有回应，切实提高居民的幸福感、获得感、安全感。建立社区治理场景时，不能局限于只思考其中某一场景，否则场景发挥作用的效率和效果会打折扣。

02 设计对象的媒介化

社区如此多元化的工作场景决定了社区设计的对象和落地媒介的差异也很大。我们不能以单一需求的视角去构建设计，而是要让设计贯穿社区治理多元化场景始终。要实现这一目标，就要先了解关于设计媒介以及媒介之于场景的相关知识。

什么是媒介？媒介是信息传递的载体、渠道、中介物、工具或手段，这就意味着，没有媒介的话，沟通和交流难以有效发生。在生活中，一段面对面的对话、一项技术、一个物品，都是真实存在的媒介。人类社会传播媒介的发展经历了从口语、文字、印刷媒介到电子媒介、数字媒介等不同的阶段，20 世纪，加拿大著名传播学家麦克卢汉提出了重要观点——媒介是人的延伸，强调媒介对历史和社会发展的巨大作用。一些社会学家则认为，媒介不仅是信息的中介，也是社会关系的中介，是联系国家、资本和社会技术的中介。

场景本身就是严密的信息系统，作为信息传递的载体，媒介具有划分场景的作用，传递不同信息的媒介构成不同的场景。若希望社区治理场景具备很强的场景力，那么就有必要对媒介进行精心部署，使场景中的各媒介不仅可以自己发力，而且可以产生协同，有效提升场景对身在其中的人的影响。

空间既是场景也是媒介本身，特别是面对治理需求的时候，因为社区本身就建构在空间的基础上。在《乡土中国》中，费孝通以“空间”为切入点，将空间媒介视为形成传播的重要因素，描述了空间对社会文化与社会结构的影响。

人本身也是媒介。人的言语、说话的表情和身体姿态、社交媒体上的头像风格、开车时选择播放的音乐，无一不在传递他 / 她对于世界、对于具体事物的观点和看法。场景的构建，除了其他媒介之外，也包括场景里的人。

代际的差异也会对人们的感受方式产生影响，例如 60 岁以上的老人往往习惯用遥控器或按键来控制屏幕，而 2010 年之后出生的孩子在看到一块陌生的屏幕时，大多会很自然地伸出手指滑动屏幕，观察屏幕上的变化。如加拿大媒介学家麦克卢汉在 20 世纪六七十年代即已预测的趋势，数字化媒介终端已成为人的肢体延伸，人与人之间信息传递的方式也因此发生了很大的改变。

03 场景式社区设计思路

理解场景和媒介，在开始从事社区设计的时候，我们就要带着“精心安排好各式各样的媒介，去架构有力量的社区场景”的总策略。首先，分析和定义一个场景，搞清楚营建这个场景的目的是什么；其次，规划和安排场景中的媒介触点，并对其加以设计。

所谓媒介触点，就是媒介和人发生接触，并使其留下印象的点位和形式。触点越多，场景越细腻，体验越丰富。那么新的问题来了，这么多触点，在设计上如何做好统筹管理？

在这里，我们要介绍一种横向维度和纵向维度交叉的社区设计思路。

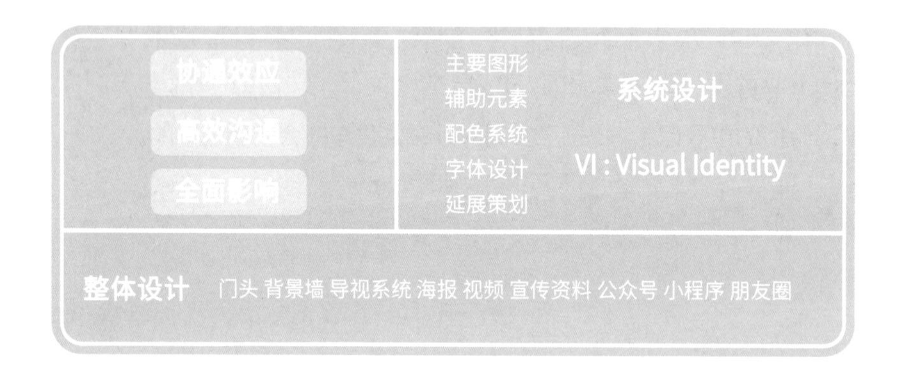

与整体设计相区别的是个别设计。举个例子，如果门头和空间完全没有联系，那么说明设计是孤立的，如果微信公众号的头像和品牌标识没有任何的关系，那么我们也没有做到整体设计。先建立系统，再把系统应用到整体场景中，这是我们提倡的社区设计的一个快捷方式。

这样做的目的是什么？目的是让所有的设计要素既要组合，也要协同，而协同意味着场景更强大，进而令沟通更高效、影响更全面。

“科苑谢谢你”是科苑社区的社区造节品牌。“人造、事造、节造、设造”是我们提出的“四造社区”模式，该模式鼓励社区通过创建重要的时空节点，推动基层治理发出更响亮的声音。其中，社区造节是社区治理手段的补充，也是社区文化营造的重要方式。社区造节旨在将基层工作的内容和成果可视化、场景化，借助沉浸式的感性沟通形式，加深居民对于社区精细服务的感受；利用创新的、富有特色的视觉、文案和活动内容，提升社区工作的传播触达率。

图 2-2　科苑社区造节品牌

社会学的创始人之一涂尔干认为，仪式是社会团结的基础——每位参加仪式的人都经历了相似的情感过程，从而确认了共有情感。这种共有情感使得成员之间互相信任，增进了群体团结。社区造节通过独创的社区文化营建，提升居民的归属感和参与度；通过输入推广社区核心精神观念，增强居民参与基层治理的原生驱动力；通过核心事件的宣传感染，引导居民主动积极地加入社区事务，最终实现共建共治共享，建设以社区为单位的城市精神文明共同体。

这套品牌的设计既使用了“名称—logo—slogan”的设计方法，又遵循了先系统再整体的设计思路。或许读者会疑问，slogan 是什么——slogan 就是“科苑谢谢你”，这是一个经过精心策划的“名称—logo—slogan”三位一体的品牌。

在视觉设计上，我们充分地考虑了后期落地的各种需求，所以从设计伊始，我们便整体规划和统筹了设计要素。来看看这个设计系统里的配色、字体、辅助元素是如何在不同媒介上使用的。

(1)

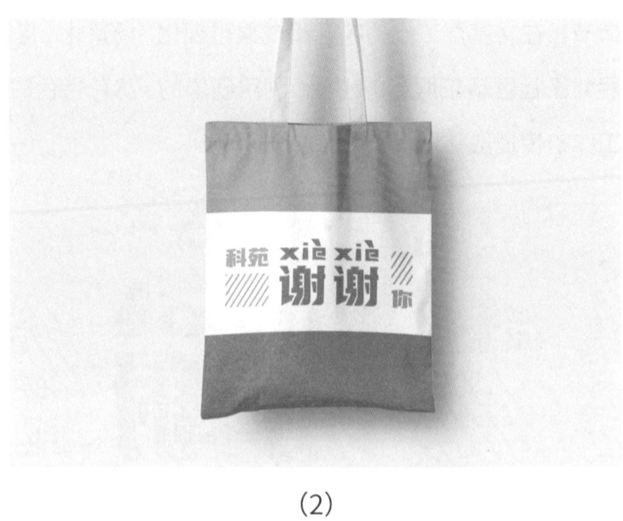

(2)

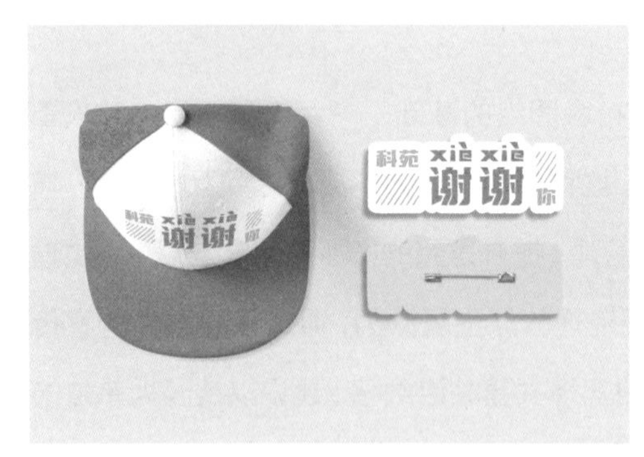

(3)

(4)

图 2-3　品牌设计的应用一

图 2-4　品牌设计的应用二

图 2-5　品牌设计的应用三

图 2-6　品牌设计的应用四

一系列的启动仪式倒计时海报（如图 2-7 所示），可以放在朋友圈，以九宫格的形式进行展示，能够更好地通过微信群、公众号、朋友圈进行线上传播。

图 2-7　倒计时海报

随着时代的发展，创意形式也越来越多。在新媒介的创建上面，社区和设计团队都不要给自己任何的限制，插画、艺术装置、表情包等都可以用在社区设计上，没有什么不可以，越新颖的形式越能引发居民的关注，越能吸引年轻人的参与。

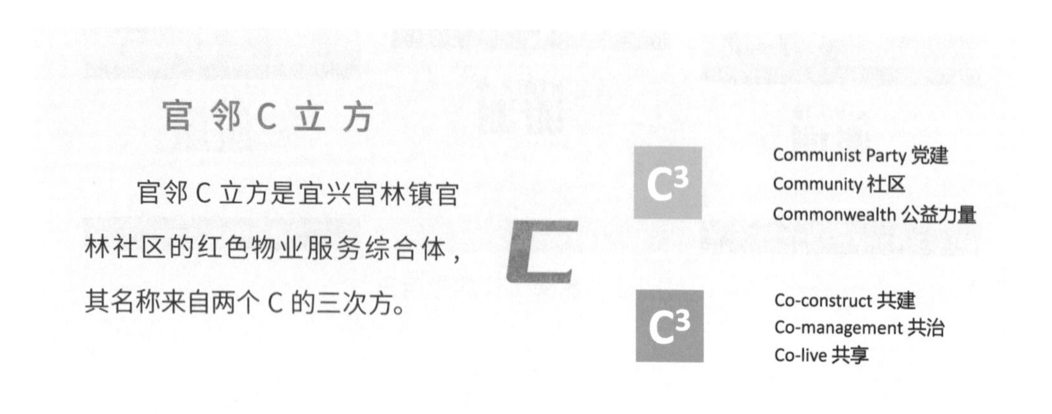

图 2-8　官邻 C 立方

图 2-9　官邻 C 立方外观图

04 设计职能要素—设计团队架构

多场景、多媒介、多触点，这三个特点决定了社区设计需求的多样性和执行的丰富性，正因为如此，社区设计团队的职能要素也是多项复合交叉的，人员也需要由不同背景、不同专业，甚至不同性别、不同性格、不同兴趣的人构成，这就是我们常说的多样性（diversity）。

空间设计师对于空间的结构和尺度有着很好的感觉，但很有可能对于社区治理场景中普遍存在的大量文本无能为力，因为文本展示需要基于平面来进行设计，并且细腻到需要考量一个标点符号的颜色和尺寸，而文本本身也需要专业的文案撰写者。在虚拟场景越来越丰富的当下，静态画面的传播效率往往不如短视频，这部分工作就要由视频作者来完成。对插画感兴趣的设计者可以在社区设计中大量使用手绘画面和元素，如墙绘、长图等。而所有这些设计构想，最终又要通过制作、施工、安装执行到位，所以设计团队里必须要有懂材质、懂工艺、懂现场的伙伴。

一支优秀的社区设计团队，通常要配备的职能要素有文案、空间设计、平面设计、视频制作等，从专业背景来说，目前大学开设的视觉传达、艺术设计、艺术与科技、产品设计、插画、动画等学科都是社区设计师的摇篮，为他们提供在此领域发展的基础教育。一方面，学校毕业只是专业工作的起点，社区设计师需要把自己当作方法，在工作中不断刷新自己的能力边界，与时俱进，持续学习新技能和积累项目经验，逐渐成为本领域的专家。另一方面，创新往往发生在学科交叉的连接点上，承担不同设计职能的团队伙伴需要在工作中紧密沟通，频繁交流想法，以合作的姿态共同完成一个设计项目，在协同的过程中，双方都可以向彼此的领域学习拓展，成为跨学科的创新者。有的空间设计师本人也文采斐然，可以完成一些创意文案，有些平面设计师通过学习 CAD 和 PR 等工具，成为动画或实拍视频的创作者。总之，社区设计和商业设计并无两样，都需要锐意进取的复合型人才。

此外，无论是从事社区设计中哪一个细分专业领域的设计师，都需要懂社区治理，不懂社区治理的设计师不能透彻了解设计需求，也做不了合格的社区设计师。在组建社区设计团队时，应该引入相关专业背景的人才，确保社区设计紧紧围绕“人”“社会”和“治理”这三个关键词。

社区设计团队也需要具备持久的开放性，以确保能够顺利应对日益更新的需求。设计的本质是服务，而服务是没有终点的。当普遍性的基础需求在时代的发展中已经得到满足且日臻完善，我们面对的将是非典型的差异化问题，而这些问题需要的是针对性非常强的、精细度非常高的解决方案。因此，社区设计没有标准化路径，每个问题都是独特的课题。设计团队需要随时组织不同专长的人才队伍，对每个问题进行会诊，如果当前专职队伍的能力范围不足以应对该问题，团队应立即借助外包资源，补充外部力量，或经过评估增加专职的岗位。

与此同时，技术变革对社区设计团队的组织架构带来持续的深层次影响。当ChatGPT 可以写出逻辑严密的新闻文本，当 Midjourney 可以精确生成 IP 的原型形象或空间的概念效果图之后，任何一个以文字、视觉、空间等为媒介物进行工作的团队都应该认真思考，我们工作个体的定位是否需要调整，技能是否需要迭代。此类变更在历史上并未发生，在电脑得以广泛运用之前，设计师们都是用纸、尺子和笔来进行设计的，一点点谬误导致的修改都将耗费大量的人工。在 CAD 软件普及之后，没有学会电脑操作的设计师和绘图师被淘汰，而顺利进入计算机辅助设计时代的设计师们则将自己从大量的纸笔尺绘图中解放出来，有更多的时间进行学习、思考和创造，从而让设计行业攀上了新的高度。任何一项事业的繁荣都必须架构在坚持和变革之上，两者缺一不可。

第三章
社区公共空间营建

随着媒介技术的发展，虚拟场景越来越多，社会互动也不再需要面对面，但对于社区这一建构在空间之上的共同体而言，物理意义上的空间仍然非常重要。特别是社区公共空间，例如党群服务中心、新时代文明实践站、社区食堂、居家养老服务中心、乡村文化礼堂、村史馆等，这些场所不仅是政府为民办实事、社区提供基础服务和开展公共文化活动的地方，也是居民交往和自发进行文娱活动的地点。社区公共空间是新的社会关系的生产场所。

01 三位一体的社区公共空间

基层治理视域下的社区公共空间，不仅是治理场景，其本身也是治理的工具。作为治理工具的社区公共空间是空间的呈现及关系的生产对“社区情感共同体”和“社区意愿共同体”营造与影响的手段。空间既是治理场景，也是治理对象，同时也是治理工具，这样“三位一体”的特殊属性，让社区公共空间得到社区设计者们的重点关注。

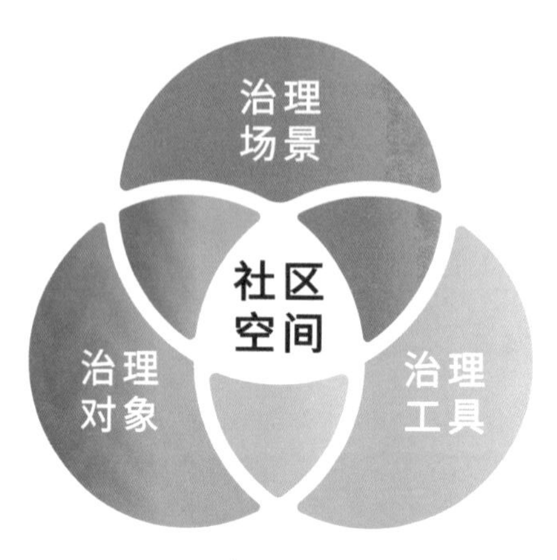

图 3-1　社区空间三位一体

一方面，社区公共空间的设计和建设需要强调感性元素的置入，如在地元素或怀旧场景。所谓在地，是指空间与所在区域环境的连接，其中最显性的要素就是特定区域的风土人情和历史人文。在地性有效地延续了居民和社区的情感联系，建设集体记忆，提升社区的文化自信。怀旧则是一种现代性的情感体验。空间媒介化，感性元素协同发挥作用，令空间更有温度，可激活公共情感体验，推动建立社区情感共同体。

另一方面，空间具有技术属性。以会议空间为例，社区居民的主体性是社区建设和社区发展的关键因素，然而，有些社区虽然认同“社区是居民的”，但因为治理技术不熟练，客观上限制了居民主体性的发挥。例如，尽管已组织居民议事会，但会议空间布置不够开放，影响了居民的沟通欲望，减少了居民自由发言的机会。因此，固定的传统桌椅成列会议空间逐渐被淘汰，越来越多的会议空间采用可移动的桌椅，通过桌椅位置的调整，建设开放会议空间，在空间细节的安排上强调治理导向，赋予居民自主表达权，彰显民主决策过程，推动建立“社区意愿共同体”。

开放空间会议是一种创新的、自主管理的会议形式，非常适合有多元背景参会者参加。所谓“开放空间会议”就是创造出一个可以相互讨论的平台，由参会者自行讨论的一种动态的会议模式。大家勇敢地提出自己的看法，同时也敞开心门，倾听别人的想法。

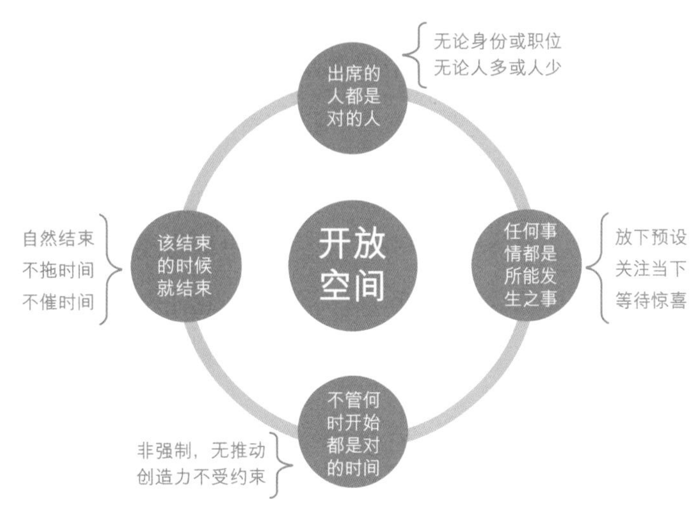

图 3-2　开放空间会议技术介绍

开放空间会议一般由与会者自行制定会议的议题以及日程安排，通常由一位引导者开场、收场，并向与会者解释会议规则。除此之外，引导者不再承担其他任何角色，也不进行会议进程的控制（过程如图3-3 所示）。

图 3-3　开放会议介绍

开放空间会议的空间特点是圆形布局，让所有与会者面对面，会议氛围自由、灵活，以促成观点碰撞、共享。

圆形的会议布局创造无界沟通的环境。相对而言，剧场式会议象征着力量和权威的源头，不利于平等交流；方形会议分隔的界线虽然有助于谈判，却不利于构建真诚、开放与自由的沟通环境。“圆”代表着不分头尾，没有高低，座椅自由组合，座位安排灵活。因此，圆形式会议能建立开放自由的沟通环境。

开放式多功能的会议空间不仅可以在沟通姿态上确认居民在社区建设和发展中的主体位置，还可以通过自由无碍的沟通过程，促进和促成社会互动。另外，社区的空间作为治理资源，如果在使用效率上得到提升，也能够让社区治理更高效。

例如会议空间这样通过社区公共空间的设计，为基层治理提供技术和工具的案例，在社区设计的实践工作中还有很多，或显著或细微。社区设计的工作对象大到空间布局，小到一个标牌，只要关注到空间之于基层治理的工具属性，设计者就可以和社区通力合作，针对社区公共空间做更多的治理技术和工具研发。

此外，在社区治理的语境中，社区公共空间不仅是治理场景和治理工具，其本身也是治理的对象。近两年来，我们发现社区建设在提速，理念也在迅速迭代，社区设计资源越来越丰富，社区风貌和面貌也越来越好。同时我们也在不断地发现新的问题，进行新的思考。

一方面，社区公共空间已成为政府基本公共服务供给场所，但大部分的社区公共空间仍然是碎片化的、相互孤立的。对于散落在社区各个区域、不同角落的社区公共空间的治理是否能够更加的精细化、规范化、系统化，是我们必须在社区设计中始终坚持治理导向才能思考到位的问题。

以空间功能为例，为一个社区公共空间配置哪些功能要素并不是随意决定的，而是要观察社区居民的行为特征、调研居民活动的意愿倾向，以及分析居民构成比例和潜在需求等，同时要接受上级部门或相关单位的指导，并且在综合评估各项影响因子后做出合理决策。在空间落成之后，社区还需跟踪验证空间功能的合理性及是否可持续，如有必要，再行调整，保证空间发挥切实的作用。

另一方面，社区公共空间的设计要坚定地“以人为本”。空间的设计要符合使用者——社区居民和社区工作者的心理特征和行为特征；要顺应社区居民客观合理的行为模式，引导激发他们更多的、积极的行为；要满足居民作为独立个体的需求，为居民和居民、居民和社区工作者、居民和社会之间的关系的生产提供条件。

社区设计者面临的最新挑战是让社区公共空间的设计具有可持续性。我们认为，社区设计可持续性是检验基层治理颗粒度的重要指标，在这个方面，社区设计者需要和社区携手探讨，提出更多的解决方案。

三位一体的社区公共空间是社区进行治理和提供服务的场所，也是展示社区治理绩效的窗口。有社区会提出：我们的这些内容展示出来就可以了，为什么还要精心设计？原因在于社区作为联结党政、社会与居民的窗口主体，其本身的“印象管理”也是治理工作中不可或缺的部分。“印象管理”指对自身展示给他人的形象进行修饰和管理，以获得对方对自己的良好印象。“印象管理”适用于个体，也适用于社区。社区公共空间不仅要综合展示社区治理与服务的范围，还要全面传达国家和社会的治理精神，社区给社会、给居民的印象，要匹配党和国家以人民为中心的发展理念，要能传递社区工作班底的信念、活力和创新。

02 党群服务中心的设计方法

随着社区承载的服务越来越多，社区不可或缺的重要性日益显著，社区公共空间也随之得到较大的提升。以社区党群服务中心为代表，过去空间狭小、功能不健全、布局不合理的封闭式党群服务中心在逐渐消失。为了匹配居民美好生活的服务需求，政府不断增加对社区党群服务中心提档升级的投入，不仅更新硬件，而且在打造中融入与时俱进的治理理念。乡村新建的社区服务中心往往空间十分富足，数千平方米的多层多体建筑连接着户外广场，空旷大气，而城市里新开发的楼盘基本配套有社区用房，很多党群服务中心新的空间体量是以往所不能比的，这也允许城乡社区可以将党群服务中心建设成一站式社区服务中心，将基础性为民服务、为老为少和针对特殊人群的服务、特色文化活动开展等都融入这样一个完整的公共大空间，我们将其定义成“社区服务综合体”——它是在基层治理的前提下包罗万象的并且会随着基层治理理念的发展而实现自发展的有机空间体。

平安路社区在社区党群服务中心的二楼区域集中展示了社区近年来的基层治理成果。百余平方米的空间由走道分为两个区域，其中略大一点的区域围绕着“红色引擎”的主题，分别展示了社区党建、党建引领下社区基层治理模式迭代进化的时间轴，以及当下治理工作的理念和实践。主馆对面的辅馆，则从居民群众感受的维度，通过乐居平安、数治平安、共奏平安等三个版块，综合展示了平安路社区为改善居民生活品质、提高居民生活福祉所做的方方面面的细节和努力，是社区治理成果可视化、可体验化的呈现空间。主馆和辅馆设计风格不同，又相互呼应，体现了党为群众着想、群众支持党的领导的党群和谐关系。

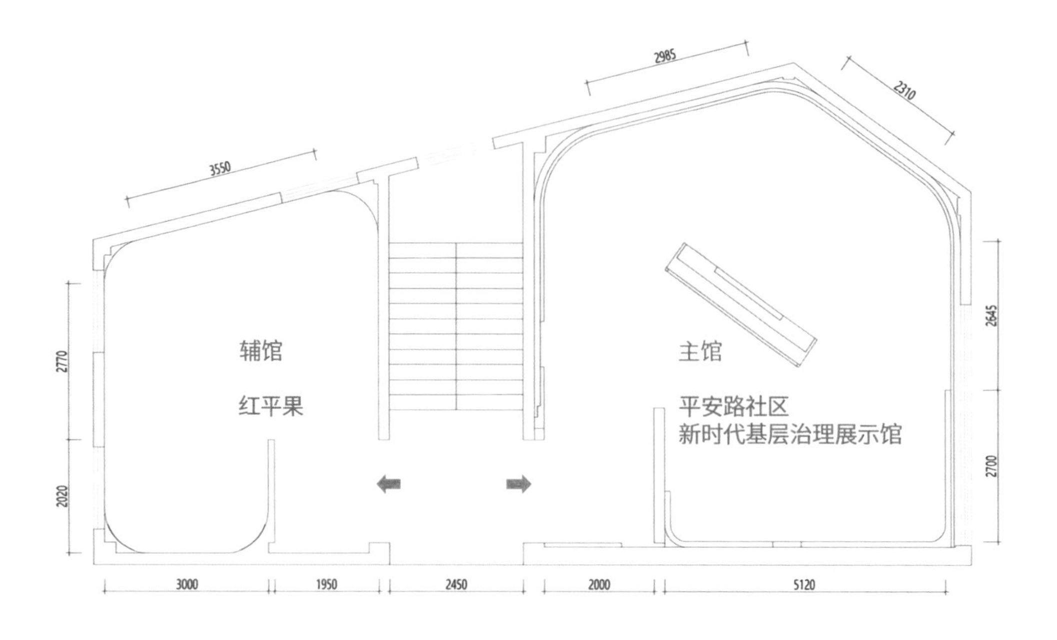

图 3-4 平安路社区党群服务中心

党建引领是党群服务中心，也是所有社区公共空间都不可或缺的治理实践。党建元素不仅要在社区公共空间里显著出现，而且不能流于形式。党建学习、党建活动、党建制度、党建成果等依序展示，党员宣誓台和党员活动空间必不可少，体现社区对于党建工作的重视，以及社区基层治理能力在党建引领下的提升。

社区总是将提供全面周到的服务项目作为自身工作目标，因而总会为党群服务中心安排尽可能多的空间功能。尽管这些功能大多类似，但优秀的社区治理总有自己差异化的创新亮点。有的社区以文明实践推动社区善治，有的社区以产业发展驱动社区发展，有的社区善于链接资源，多元参与社区共建，而作为社区服务综合体的党群服务中心，是这些治理亮点首选的展示点位。可以说一座党群服务中心就是一座基层治理展示馆，社区对党群服务中心的打造一定要用心，切勿停留在工程化的思维止步不前。

党群服务中心打造心得

1. 模式挂上墙

有的社区，特别是乡村型社区，不重视在党群服务中心或便民中心里对社区开展的工作进行展示，居民走进社区中心时，看到的是冷冰冰的柜台、空荡荡的墙面，对社区的印象还停留在“办事”场所。另一些社区则处在另一个极端，所有工作全部罗列上墙，居民目光所及之处都是密密麻麻的文字和图片，不仅无法获取重点信息，也会视觉疲劳，对社区空间的品质产生负面感受。社区工作的范围大同小异，大部分社区的展示内容千篇一律，根本看不出社区工作特色亮点是什么，无法给居民和指导单位留下深刻印象。社区的党群服务中心墙面上到底需要展示什么？展示特定内容的目的是什么？在着手设计党群服务中心之前，社区要将这两个问题提给设计团队，同时也提给自己。

近年来，模式化的提出，一方面是为治理实践导入具有理论支撑的方法论，另一方面是鼓励和引导基层治理结合本社区实际情况，主动思考，不断总结自身实践经验，并将治理成果转化成可输出、可借鉴的治理方法。在党群服务中心里，最核心的展示内容是本社区的治理模式。有明确的治理模式，意味着社区不仅在上级单位指导下全面开展工作，而且工作有心得、有亮点、有方法。因此，模式的提出，也为社区治理品牌化提供了核心基础。

社区可以展示的模式有党建模式、基层治理模式、服务模式、五社联动模式、群众自组织发动模式、新时代文明实践模式等。模式的提出，不应简单复制上级政府或其他社区的提法做法，而应充分思考，并且结合在地实践，精心提炼，由设计师形成可视化的模式图，再设计到党群服务中心核心展示点位上，让来办事的居民看得到，让来访的社会各界看得到。

2. 理念融入空间

无论社区治理理念是否已升华为模式，都可以考虑将其融入空间设计中，尤其是一些难以文本化、无法在墙体平面上具体展示的理念。目前，与党群服务中心空间融合最多的治理理念即开放空间会议，如前文所介绍，越来越多的社区会议空间采用开放式、灵活式的布局，以鼓励居民议事、参与社区建设。

图 3-5　社区空间展示一

图 3-6　社区空间展示二

“一老一小”问题是我们国家现实而紧迫的民生问题，发展养老托育是国家“十四五”规划所做出的重大民生承诺。发改委和民政部门都对“一老一小”拟有服务场景指导方针，提出了“一老一小、朝夕美好”的理念口号，旨在通过基于代际融合理念的民生服务，为老人和孩子的美好生活创建整体解决方案。遵循这一理念，社区可在党群服务中心或新时代文明实践站打造“朝夕乐园”，在同一空间单元内同时为老人和孩子提供相融合的服务功能。如朝夕学堂内，同时设置一组适老化桌椅和一组儿童桌椅及儿童玩具，可方便老人在看护孩子玩耍的同时，组织兴趣学习和培训。健身区域则不仅配有适合老人的成人文体设施，同时也配有儿童滑梯和秋千，满足老人和孩子在同一区域同时活动。

图 3-7　朝夕乐园

国家发改委、住建部、国务院妇女儿童工作委员会办公室于 2022 年联合印发了《城市儿童友好空间建设导则（试行）》，提出要以公益普惠为原则，推进儿童友好空间建设，让广大儿童享有安全、便捷、舒适、包容的城市公共空间、设施、环境和服务。强调“儿童友好”，社区公共服务空间细节必须坚持“1 米高度”视角，设置儿童洗手池、儿童坐便器等，方便儿童使用。空间导视系统应考虑儿童需求，不仅需要调整导视标识的设置高度，增设地面导视，而且要使用鲜艳的颜色或图形化信息系统，确保儿童可看到可识别。

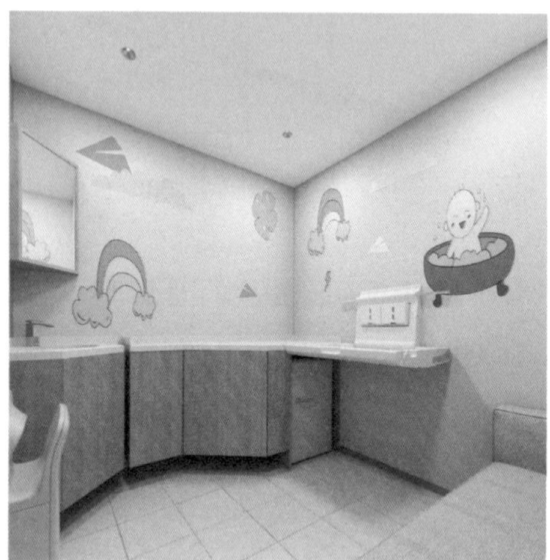

图 3-8　母婴室

“服务即治理”，为提升基层治理水平，加强为民服务力度，社区提出“用心服务零距离”的治理理念。以往党群服务中心办事大厅往往是柜台式的接待模式，沉重的柜台横在社区工作人员和来办事的居民之间，给人距离感。社区会客厅就是通过采用更加开放的空间形式，改变以往缺乏亲和力的服务模式。传统柜台消失不见，取而代之的是温馨的卡座、轻盈灵活的接待桌、如家庭客厅一般的轻松氛围，空间调整的目的是强化为民服务的理念，消融居民和社区之间最后一米的沟通距离，打造更具有亲和力的基层治理形象，推动建设社区治理共同体。

3. 工作结合功能

除理念和模式之外，社区尚有繁杂的具体工作需要向居民介绍或对外展示。如果全部以图文的形式记录，不免琐碎无趣，缺乏感染力。不妨换个展示方法，将工作的展示融入功能要素中，以见微知著。

接到12345 热线转入的居民诉求后，社区需要了解相关情况，联系相关部门，协调各方需求，推动居民痛点问题的解决。这一流程，可用“看板”进行可视化展示。“看板”是来自制造业的管理经验，旨在将不可见的工作行为（如沟通和协调）及其在过程中的流动状态可视化，以便更好管理业务流程。居民问题的解决看板则将解决流程进展透明化，可以让社区为解决问题所做的各种努力一目了然，同时也在和居民同步相关信息。了解是理解的前提，无论问题解决是否顺利，居民通过看板，能够更好地理解问题产生的原因，以及社区在协助解决问题时所面临的挑战，引起居民的共情和理解。

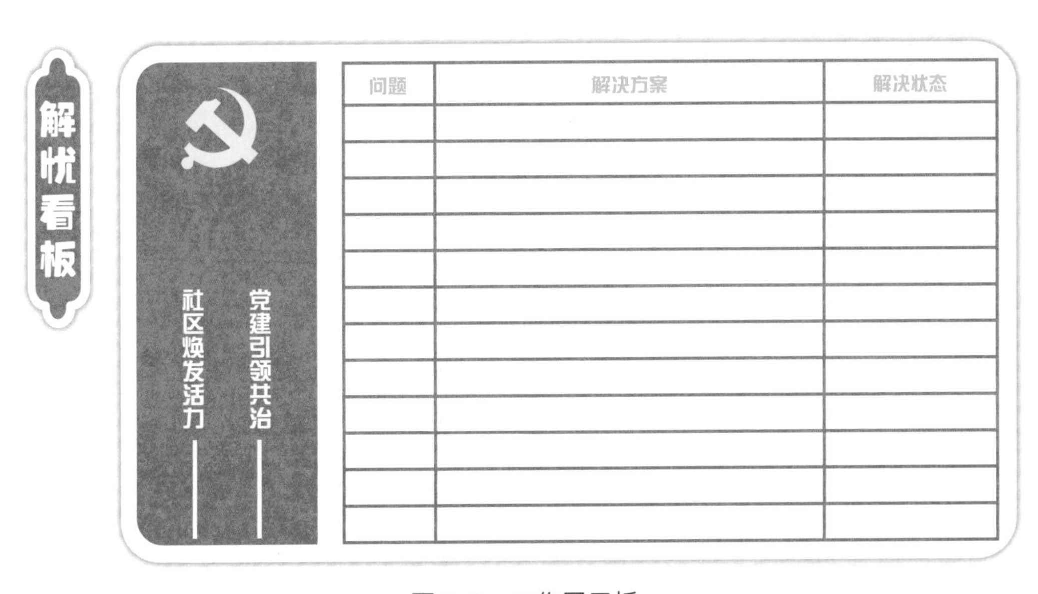

图 3-9　工作展示板

图 3-10　暖心标语

03 社区公共文化空间的建设方法

在社区各类公共空间中，文化空间是一个普遍但又特殊的空间类型。有些社区拥有挂名的街道或社区文化服务中心，又名文化站，有着相对独立的运营主体和团队。以居民的日常认知而言，社区也有很多场所，虽然没有冠名为文化服务中心，但其功能确是为居民提供文化服务，或为居民自发的文化娱乐活动提供场所。在社区设计中，社区公共文化和承载公共社区文化的空间同样也是一个特殊的命题，值得我们特别关注。

谈到社区的“文化”，我们需要先对文化之于社区的必要性和重要性有所认知。社会学家吴文藻在《社区的意义与社区研究的近今趋势》（载于《论社会学中国化》1936 年版）一文中指出，社区是一种文化共同体，至少包括下列三个要素：人民、人民所居地域和人民生活的方式或文化。文化是现代社区的核心，社区的本质是集合人们社会生活方式的文化共同体，而塑造社区公共文化是社区共同体的实质性要素。文化共同体的范式更为关注文化的社会整合功能，不仅强调文化的共享性、参与性、公共性和日常性，也非常强调文化对社区生活的意义、秩序、规则等的建构。在中国，社区文化绝不仅仅是社区内居民相互交往、日常互动所形成的文化规范、价值体系和活动方式，也不仅仅是地方性知识和传统节庆文化活动，它还包含国家主流价值、主流文化在社区生活与交往中的植入、转化与活化。

因此，社区设计者们也要认识到，社区文化具备治理职能——我们设计的对象不是单纯的社区文化及社区公共文化空间，而是文化治理及开展文化治理的场景。在社区治理的维度上，文化和空间一样，既是治理的对象，也是治理的工具。在文化活跃的社区，社区意识、交往互动更为丰富，给居民带来身份认同，也创生社会资本、社区信任和公民意识。文化治理中的文化作为一种工具，特别是文化对提升社区治理的功效，是我们不能忽视的要素。

社区公共文化空间承载着基层文化共同体的功能。作为社区设计者，我们一方面特别关注社区文化中心的设计建设，另一方面，结合当代社区的客观条件和媒介工具下的场景变革，我们也改变了思路，除具备独立主体性的社区文化中心之外，我们的设计对象应扩展到社区所有的公共空间。我们的使命是通过设计让所有的社区公共空间都具备文化性。这意味着，我们要打通政府提供公共文化服务的最后 50 米，同样也是打通基层文化治理的最后 50 米。

故事里坐落在南京浦口区江浦街道烈士塔社区，是南京市公众参与示范街巷。它原是一条普通的百米长巷，经过社区书记和设计团队合作策展、设计、建设，已成为当地有知名度的社区文化场所。

一条街巷，一个社区 24 小时开放式博物馆，一座社区公共文化空间

图 3-11　烈士塔社区展示图

社区公共文化空间打造心法

开放

开放是共建共治共享的前提。有很多的社区公共文化空间是室内的，在室内就意味着有墙有门，相对封闭。我们要尽量打开大门，让更多人可以更自如地进出，或通过设计，如透明的大落地窗，可随时打开的拉窗，破除冰冷坚硬的隔墙。从这个角度来说，天然打开的街巷具备更好的条件，是更加优良的社区公共文化空间。开放不仅仅意味着无障碍地进出，更意味着公平的态度和接纳的姿态。

叙事

所谓叙事，就是讲故事。叙事的一般构成包括：

1. 叙事必须创建或还原一个有人或事物的世界。

2. 在这个世界里，有人类行为的发生，无论该行为是意外发生，还是事先怀有意图。

3. 允许读者重构故事所描述的行为、目标、心理和动机。

社区公共文化空间的设计不应局限于功能的填充或装饰的陈设，而应该具备讲故事的能力。在社区里，这个故事可以是中国共产党百年进取的故事，可以是社区居民从昨天到今天的生活故事，也可以是社区内邻里相助的感人故事，这需要我们社区设计者去走访和挖掘。公共文化空间本身设计硬件的过程，也具备叙事性，值得被记录和传播。

在地

所谓在地，是指空间与所在区域环境的连接，其中最显性的要素就是特定区域的风土人情和历史人文。在地性有效地延续了居民和社区的情感联系，建设集体记忆，提升社区的文化自信。这两年，无论是在影视作品题材，还是国内的一些著名景区，比如成都的宽窄巷子、重庆的洪崖洞、长沙的文和友，我们都会发现他们的场景是怀旧的，而这种怀旧很受大家欢迎。人们渴望拥有一种共同体情感，渴望在一个碎片化的世界获得一种连续性。时间维度上，怀旧是关于过去的浪漫想象。空间维度上，怀旧是关于地方的想象。对童年、物品的怀旧，是关于幸福、美好的价值判断。

成图

在一个自媒体以及泛中心化的传播时代，每个人都是一个传播原点，人们希望通过分享和传播，得到关注和认可。在社区设计工作中，除了来自甲方的客观需求之外，我们还要注意每一个空间的细节，通过拍照可以形成美观的图片，以此促发社区居民的分享传播。

参与

“参与”这一关键词的维度之一指向“功能”。社区公共文化空间的功能创建，需充分设计，为未来的公众参与创造可能性。在项目建成后，居民可以在空间内参与活动、创建内容、进行娱乐和分享传播。维度之二是指在建设过程中，也就是在设计项目落成之前，公众可以参与到空间设计和建设中来，以众智众力的形式贡献自己的智慧和力量，参与到共建共治共享中。

04 街巷店招设计思考

近年来，“店招统一”问题不断引发居民和社会各界的讨论，统一了的店招到底美不美？我们无法抛开每个街区的具体情况给出百分百确切的答案，但可以确定的是这些问题的思考维度并不是单一的。视觉美、功能性、文化属性和城市社会学意义，这些角度都引发了我们更多的思考。

统一店招，是为了建立城市街巷的秩序美。然而，如果我们刷新下美学认知，“统一店招”和“秩序美”之间的关联可能就是脆弱的。

首先，秩序美并不局限于“统一”。如果安排得当，混乱也会呈现另一种秩序美。高迪在设计著名的圣家族大教堂时，几乎完全抛弃了直线和平面，而是以螺旋、锥形、双曲线、抛物线等丰富的组合来打造这一伟大建筑。建筑师的手稿体现了各种互相矛盾的思考逻辑，从理论的破绽中寻找新的美学秩序的建立。行动派绘画大师波洛克在一开始便舍弃了创作的中心性，用混沌不定的形式制造不安和紧张，为创造性提供刺激触媒。这些脱胎于混乱本质的作品无一不是进步的，类似的案例还有很多，它们摆脱了折中主义，于失序中建设有序，不妨认为它们是更高级的秩序美。作为城市建设参与者，我们对于视觉美学的向往不能故步自封，应该鼓励对于美和创新的不懈追求。

回顾人类社会的商业历程，我们会发现店招是一个历史相当悠久的事物。唐代诗人杜牧有诗云“千里莺啼绿映红，水村山郭酒旗风”，诗中迎风飘扬的“酒旗”就是酒馆的店招。商家需要店招和标识来告知每一位路过者其经营业态是什么。进入现代消费社会，在物质供给丰富的情况下，店招标识是商家吸引顾客，创建差异化、提升其市场竞争力的有力工具。因此，很多大品牌豪斥巨资，聘请专业的设计团队来创建自己独特的品牌视觉体系，在门店的视觉执行上，也有一系列的品牌规范要求。

具有个性的店招门头也为居民消费者带来便利。无论是走路还是开车，经过一条街巷时，我们一定会对某些视觉完善的店招留有深刻印象。所谓视觉完善的店招，不仅具备视觉个性，让人容易看到和记住，同样也应直截了当地表现自身业态，让居民清晰获知相关信息。当有需要时，居民可以第一时间回忆起经营相关业态的店家位置，前去解决自己的问题或购买需要的物品。不具备易识别度和记忆度的统一店招，在发挥自身核心功能上是有缺陷的。

街巷店招是商业文明的物理表征，而商业文明是城市发展的元驱动力。当我们靠近一座大型城市，恢宏伟岸的建筑群首先跃入眼帘，而当我们进入城市的时候，道路两边各式各样的门头店招密集连绵，让我们应接不暇，从其中我们可以了解到这座城市最本质的生活形态及其物理分布。

社会学家严飞说过，一个真正有魅力的城市，一定是有独特性格和韵感的城市。我们不仅要珍惜我们城市的文化精神，也要在城市建设中，不断地去寻找、发掘和主动塑造，让我们的城市更加具备个性。社会学强调人的效应，是人通过居住塑造了城市，而不是城市塑造了人。在面对“店招统一”这一社会现象的时候，我们尝试用评价其动因，而非其结果的方式来明确其真实意义。“店招统一”，是自上而下的城市空间建设。它的初因有二：决策者心目中的美观以及建设执行的便利性。但这两点似乎都忽略了“以人为本”这一现代城市治理的要义。

在功能上，“店招统一”既没有考虑商家主体关于品牌展示、业态表现和定位识别的需求，也没有为居民高效寻找目标商家提供便利。城市居民，也就是人或大众的需求，在决策动因中是缺位的。同样，对于“美观”的定义权，也应该从个别决策者手中交还给大众。什么是美的，和什么是被需要的一样，应该由公众来定义。有人说，为每个街巷的每个门店的店招都搞一次审查和投票不现实。的确如此，但不要忘记，市场化是在法律和公序下最为优良的调节平衡工具。借此工具，城市公民可以行使权利，按照公共利益最大化的原则，使用城市空间并进行城市空间的再生产。

每一个街区都有其自然生长的脉络，这个微妙过程取决于社会治理、居民生态、商业投资等多方力量的参与和博弈。但如果对组织统一、布局对称等“美感”（我们姑且称之为“治理美”）过度追求，会导致整个社会的审美趣味偏向于单调的唯中心论，而这样的追求，实质上是国家强制意志渗透社会肌理的一种体现。

治理者们或许会对自然生长的街区样貌表示担忧，担心一些出格和负面的视觉要素出现在人们眼中。这也许无法避免，而我们应该坦然面对。齐美尔认为，社会作为一件艺术品，不应该仅仅只是将外在的形式塑造得多么炫目从而增加其价值，而是应该更加看重其自成一体的风格，以及背后所折射出的文化品质和历史厚度。

第四章
社区策展

如果承认精神生活在当代社区中具有重要的地位，那么在开展社区建设时就应当重视思想文化层面的非正式制度建设。

01 从艺术进社区到艺术社区

在人们的印象中，艺术属于昂贵而高冷的展馆，精心布置的光源和静谧的氛围让艺术品远离街巷市井的日常生活。然而，时代在发展，当艺术和文化出现在人们生活中所意想不到的角落时，社会工作者发现了它们对人们潜移默化的巨大影响。上海浦东新区陆家嘴街道东昌新村是距离陆家嘴金融区最近的一个老旧小区，起建于 20 世纪浦东大开发的时代，经过近 40 年的风雨蹉跎，整个小区的居民楼都已呈破旧感。近年来由政府投资对小区进行出新建设，尽管如此，仍有一些区域死角的治理效果不尽如人意，脏乱差的停车棚是其中之一，小区居民对此颇有微词，居委会也难寻解决方案。

车棚的改观来自一场特殊的展览。2021 年，三星堆遗址出土的文物震惊世界，上海大学博物馆因此举行了“三星堆：人与神的世界”特展，而艺术家、独立策展人王南溟决定把辉煌灿烂的三星堆文化从博物馆里带出来，送到陆家嘴老旧小区的居民身边。作为上海大学博物馆特展的公共教育活动，三星堆文化最典型的代表如太阳神鸟金饰、铜兽面、石璧、铜瑗、玉璋等文物图片出现在东昌新村的车棚里，成就了一场老旧小区停车棚里的特殊展览。

图 4-1　东昌新村老旧小区车棚改造

本次展览也是一次“以展促设”的过程，策展团队非常注重将布展与环境提升进行结合。经过与社区和居民的多次沟通和现场走访，策展团队采用灯箱这一展览形式，并根据车棚的客观情况定制了可与停车围挡组合的展架灯箱，这样展览物料既不影响车辆停放，也能为出行提供照明，点亮了原本阴暗的空间。此外，车位号码牌也被更换为统一的白色亚克力立体字号牌，再加上室外布置的展览海报，停车棚顿时拥有了博物馆气质。这座停车棚被命名为“星梦停车棚”，它不再是供居民停车的单一功能场所，而已成为艺术家和社区共建的公共文化场所，不仅改善了原本脏乱差的环境问题，还拉近了老旧小区居民和现代化城市之间的心理距离，在社区治理上有所贡献。

如果说东昌新村是改革开放后建设的典型社区，那么曹杨新村则是新中国第一代城市社区的代表。曹杨新村的历史可谓悠久，它始建于 1951 年，作为国家为工人阶级提供全面民生服务的建设典范，曹杨新村接待过很多国内外参访，拥有非常特殊的历史意义。今天的曹杨新村治域内有着非常丰富的优质教育资源和科研机构等合作单位资源，社区也一直秉承着“一切依靠群众，一切为了群众”的治理理念，70 多年来与时俱进，为民生福祉做持续努力。

2021 年，上海城市空间艺术季委托策展团队在曹杨新村进行社区策展，策展的主体位于社区中心地带的菜市场，而策展团队的目标是在此嵌入一个颇具创意的美术馆，策展主题和内容则是表现曹杨新村的时空变迁以及身在其中的人们，即居民的个体史。为此，策展团队花费大量时间，走访正在改造中的桂巷坊工地，与生活在曹杨新村的老居民和老职工面对面交流，倾听他们的故事，同时请来在地文化工作者，合作研究曹杨新村的历史。通过这些努力，菜场美术馆最终呈现了丰富的展陈内容。

两个展览

1.《影画曹杨：陆元敏李树德作品展》

艺术家：陆元敏、李树德

作品形式：摄影、速写

两位艺术家曾是普陀区文化馆的老同事，一位用摄影，一位用速写，留下印刻在曹阳新村几代居民脑海中的生活记忆，影像表达诗意而充满历史感，连接起在这一生活共同体中所有人的生命经验。

2.《城市考古：非典型看曹杨》

艺术家：徐明及团队

艺术家是一位城市历史的独立研究者，他带领团队田野收集一代代曹阳新村居民所留下的生活痕迹，再从老报纸中挖掘相关素材，特别是采集和梳理了富有曹杨特色的建筑装饰纹理作为展示要素。展览的形式则为多媒介，包括视频、动画等，力图为观众创建一个更新颖的生活视角，来了解和熟悉这一地区的社会生活史。

三套空间介入的作品

艺术家创作了一系列兼具抽象和具象效果的雕塑，分布在改造一新的桂巷坊步行街上。雕塑创意从生活中平常物件中启发而来，向来往的路人展示这一区域曾经的历史。

一套视觉系统

设计师：厉致谦

设计师为桂巷菜场创作了一系列结合了中文字和图案元素的标识，并由此发展出围裙、篮子等菜场里的日常用品，既为菜场提供了一套独特的视觉系统，也让我们看到通过创新为日常生活解乏的可能。

四场工作坊

1. 艺术家殷漪在他的声音工作坊中带领参与者深入曹杨区域，从人类学和社会学的角度去发现不同的声音，探讨藏于其中的信息和意义，并以此为基础对其展开重构。

2. 建筑师王青的“曹杨新村之家”项目，着眼于正经历出新的曹杨一村，建筑师带领一村的居民为自己新的居住空间创建属于自己的装修方案。

3. 艺术家小龙的工作坊，则带领大家对曹阳新村特定年代住户的典型生活空间形态进行实地考察和调研，以此加深对当时当地生活的理解，并尝试通过剪纸和绘画等形式加以重现。

4. 姜庆共的日常标识和美术字工作坊则邀请富有经验的年轻设计师们共同开展创作。

发生在东昌新村和曹杨新村的策展均由上海城市空间艺术季发起。2021 年，上海城市空间艺术季的策展主旨为“激发社区市民积极参与社区建设，共同推进社区微治理”，围绕该主题，各策展团队深入社区，通过社区策展来创建社区访问目的地，并邀请市民走进上海的社区，实地体验人性化城市、人文化气息、人情味生活，加深普通市民对于街镇和社区在社会治理中的基础性作用的认识。

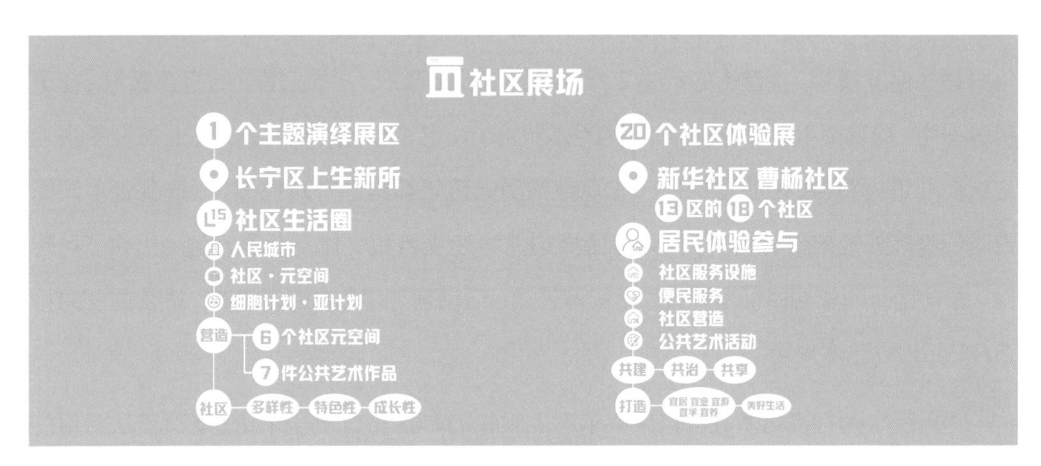

图 4-2　上海城市艺术季社区展场

新华社区和曹杨社区是当年上海城市艺术季两个重要的社区展馆。新华社区展场的策展主题为“美好新华”，曹杨社区则以“幸福曹杨”的策展主题与新华社区相呼应。两个社区的展示内容各不相同，其中既有结合公共艺术的展览形式，也有以共商共绘共评等可让公众深度体验的活动形式呈现的策展。此外，“幸福曹杨”还将百禧公园、百禧驿站、曹杨新村村史馆、曹杨社区文化活动中心、桂巷坊、曹杨一村社区故事馆、曹杨环浜、曹杨武宁片区中心、上海开放大学普陀分校等九个社区文化特色展场串联成社区文化游线，通过 City Walk 联线展示曹杨社区“宜居、宜业、宜游、宜学、宜养”的幸福生活场景。两个社区的策展都围绕着城市社区服务设施建设及老旧小区公共环境提升、社区营造、城市更新等命题，参与公众共同为“我们需要怎样的当代社区”这一命题贡献智慧。除了两个重点样本街区，其他体验社区也分别围绕各类型社区的关注重点和社区营造的工作亮点，聚合居民和各界人士，探讨经验和做法，为本届空间艺术季活动主题提供更丰富的话题和思考。

从简单地将艺术作品“放置”在社区公共空间，到将艺术的种子“种植”在社区空间，艺术与社区的联结，呈现出从“艺术进社区”到“艺术社区”的转变趋势。艺术逐渐摆脱了“标签”的表层属性，开始融入社区的毛细血管，内化成社区基因。作为艺术介入的技术手段，策展在社区的着力点也在悄然发生变化。

随着中国城市建设逐步进入存量时代，城市“微更新”已成为城建重点，社区公共艺术作为重要元素，其介入城市“微更新”并深度参与的形式也越来越多样，作用也愈加显性。成都的祠堂街是一条老街，它不仅见证了成都的城市历史变迁，承载着这座城市的文化脉络，而且作为“红色文化根据地”身兼红色教育使命，同时又是被认可的“西南艺术溯源地”。然而，随着岁月流逝，祠堂街已渐渐老去，曾经的健康形态消失不见，街巷的文化肌理也愈发模糊。祠堂街的新生工作启动于成都市政府“三城三都”的打造策略，在更新过程中，祠堂街引入策展思维，把红色文化展示、艺术展览和孵化、文化业态及新生活方式商业进行整合，街巷里的每一栋现存的历史建筑都得到针对性设计，既保证不同历史时代建筑外观的和谐统一，又为社区周边的居住服务和文旅商业态的融合提供了可能性，而祠堂街的长期目标是建设“场景皆艺术、活动皆艺术”的街区常态，将社区空间打造成“无边界艺术现场”。

项目团队为打造艺术社区也采取了不少领先的举措和方法，例如在成都首次启用的社区色彩体系，采用最先进的国际 NCS 体系，最终确认了 17 种祠堂街专属的基因色；邀请国际知名的设计团队设计的 VI 视觉识别系统，既体现了成都在地文化的特色，又不失国际流行文化的潮感；在不同年代的建筑风格如何融合的问题上寻找最优解，设计师借鉴中国“焗瓷金缮”的理念，通过新老建筑既对比又融合的匠心手法，让整个社区的新老空间成为一个和谐的整体。

图 4-3　青羊区景点色彩调研（图据正元智观色彩研究所）

图 4-4　祠堂街艺术社区 LOGO

02 策展进入社区的作用

什么是策展？从词根开始溯源回顾策展的历史，策展的英文 curate 源自拉丁词汇 curatas，原意指精心准备，它曾经只是一个纯粹的艺术术语，指在博物馆和美术馆中策划展览主题、选择展品、设计展览形式。策展之所以值得探讨，是因为它的内涵极为丰富，因此能够在不同的语境中拥有不同的定义，发挥不同的作用。自 19 世纪在西方诞生之后，策展就已经在艺术之外的领域发挥着潜移默化的作用，但直至今日，人们才对它进行了细致地观察和完整地梳理，对策展在商业定位、跨界营销、媒介内容等方面的作用加以总结归纳。跨越语境，当代的策展就是一个个在文化、艺术、商业、技术，以及在社会层面整合资源、形成协同的项目——它们创造内容，为价值服务。策展是如何做到这些的？究其原因一句话——艺术就是持续的创新，而这个世界需要创新，策展则是创新的实践。

今天，我们又发现一个既新颖又合理存在的视域：社区策展。

策展可以发挥的作用

1. 大多数无关信息被过滤掉，策展人提炼核心主题、理念和内容，让受众有效率地接受信息，避免迷思；

2. 策展可以建立细节的内在链接，受众心目中对指定事物的印象更加清晰，持久一致；

3. 策展的过程创造新意义，或对意义进行全新的诠释，可以充分表现品牌的愿景，建立差异性，更加聚焦。

正因为策展在塑造主题、管理形式、创建意义这三个维度的超强能力，策展得以走进社区。一定意义上，策展进社区恰恰可以说明社区治理在执行层面的需求：品牌（主题）建设、媒介设计和场景建设。社区反向过来再对策展提出新的命题：介入式策展、参与式策展、社会化策展等。策展因而突破美术馆的局限，拥有了更丰富的策展流程，更广泛的社会参与，社会意义也因此更为突出。

任何一项新事物的发展都是由人来推动的，社区策展也如此，社区策展人的队伍越来越壮大。策展（curation）和策展人（curator）出现的顺序，在艺术史上没有定论，但更多的学者认为，先有策展人，再有策展。由此可见，人的主动性和创新精神是很多人文领域进步的原动力。早期的策展人往往也是博物馆或美术馆的馆长，肩负着艺术品和展品的保管责任，在执行展览的过程中，策展人逐渐发展出一套构思、运作、组织、管理的体系，这就是策展。现在的策展人，早已不再囿于博物馆和美术馆的管理者——不论从事的工作是否与艺术直接相关，营销者、产品经理、创业者、企业文化建设者、社区工作者、居民都能是策展人，都能够通过策展为自己的困惑寻求解决方案。

策展人，或任何一个完成策展行为的人，即使他并没有策展人的称谓，都参与了内容生产和意义创造。在策展过程中，策展人既是主体，也是客体。策展人是发起人，他拥有大部分事务的决定权，构思主题，建立团队，组织设计，选择合作对象，与此同时，策展人必须尊重所有事物的客观状态，他的想法也往往受艺术家、业主、赞助人和合作方影响。在主客体转换之间，策展人小心翼翼地保持想法和现实、需求和执行、明确观点和激发思考之间的平衡，而最后一点，是策展人最重要的作用之一。就这点而言，策展人既是布道者，也是催化剂。

个体在策展领域的创新行为正在推动策展边界的积极蔓延和策展的社会化发展。一些营销学家和研究媒介的学者认为这是一个策展的时代，另一些则认为这是一个策展人的时代——在技术的驱动下，普通个体的声音也可以响亮在人类历史上，自媒体时代崛起。

社区策展

人人都是策展人

社区工作者因其对社区情况的深入了解，对社区问题的透彻洞察以及对社区资源的全面调动能力，成为社区策展人队伍的重要力量，他们可以和艺术策展人合作，共同策划展览主题，收集展览素材，发动居民参与策展和布展。

策展人社工化

在社区活动的策展人要培养自身观察和感受社区的能力，建立通过策展为社区解决问题的愿景。

03 作为社区设计手段的策展

策展是一门关于理解和诠释的艺术。策展，始终在发现、建立展陈物品之间的内在关联性。从可见角度而言，关联性的外在建构相对简单，形式的丰富和反差会激发观众深入探究的兴趣和热情，推动观众主动进行联想。内在的关联性则需要策展人进行精心地聚合、梳理、解析、诠释、选择、布局，如奥布利斯特所总结，策展的任务就是寻找和建立交汇点，让不同的元素进行碰撞。这种碰撞往往是跨维度、跨学科、跨语言的。布里斯特在《策展简史》中谈到，内容相关、参与性强、主题化鲜明是策展的三大特征。一场展览，它所有的元素之间存在深度的关联，因此可以形成一个体验的闭环，这个闭环是空间与展品、展品与人、空间与人之间的三向交互，这样可以引导置身其中的个体，去关注策展人所关注的对象，思考策展人所表达的思想，接收策展人意图所传递的感受。

对于策展而言，一切都是有预谋的。灯光、媒介、空间、物品、动线，任何肉眼所见的细节，都应是有意为之，任何感官所感受到的氛围，都是刻意营建，高明的策展人会将一切刻意都融合成自然感受。这是策展的技术，也是策展的目的，即提供让观众沉浸的体验和足够多的线索，更重要的是，传递能够驱动观众主动探寻的创造力。这里所说的创造力，往往不是创造新事物的能力，而是创造新的意义的力量。

将策展的理念带入社区设计，我们可以“以展促设”“以展促建”。当我们讨论社区策展时，策展的范围也早已跳脱出艺术的圈囿，进入不同场景、不同的空间和不同的项目，但无论策展以何种方式介入社区设计，其服务于社区基层治理的目的和愿景是不变的。社区策展可按照对社区设计的介入角度大致划分为以下三类：

社区专属展览空间

社区可建设专属的展览空间，如社区美术馆、社区博物馆、社区艺术空间等，用来举办各类由社区发起、居民参与、多方联动的主题展览。由于功能非常明确，相较于其他社区公共空间而言，此类空间相对独立，但并不孤立。它可能是一个独立的空间，也可能是其他用途的社区建筑物的一部分，甚至是一个户外的橱窗。此类空间内的策展也相对专业甚至颇具学术性，或是艺术作品的展览，或是摄影展，或是收集社区内的历史文物、老物件、方志信件等，打造记录在地历史的社区博物馆。通过设计和建设社区美术馆和社区博物馆，社区不仅拥有了高规格的文化空间，人文精神得以发扬，居民也可以通过参与策展了解自己居住的家园，增加相互之间的交流，为建立具有归属感的熟人社会，特别是建设架构在人文价值基础上的社会资本发挥了积极作用。

空间中的策展

在党群服务中心、新时代文明实践站等社区空间，艺术展览并不是重要的空间服务对象，我们希望让居民看到的是党建工作、治理模式、议事制度，以及社区为居民提供了哪些服务，正在开展哪些新时代文明实践活动等。此类内容如果只是罗列上墙，整个空间将充斥着碎片化的内容，对空间体验造成极大干扰。

如果在设计此类项目时能将策展的方法融入其中，设计师将会跳脱出空间功能与内容的割裂状态，更加融洽自然地处理好两者之间的关系。对于有些项目而言，社区设计师可以把整体空间视作一个基层治理展示馆，人的动线就是展线，居民来办事情的同时看了一场展览，展览脉络清晰，层层递进。有时，碎片空间也可以独立策展，比如楼道。楼道往往是设计的难点，对设计师来说，视觉美观度、内容意义感、空间尺度感，这三者无一不具有挑战，但大立面和纯动线，又让楼道成为一个不可放弃的展示点位，如何能把楼道用好，以策展为抓手无疑是个以展促设的好方法。

图 4-5　楼道策展

策展打造多媒介场景

策展之于社区设计更广泛的应用，在于它可以帮助设计团队在社区内搭建更有系统性的多媒介场景，在满足多元治理需求的前提下，在众多的设计节点之间创建意义的关联，在意义创生上产生协同效应，以此帮助社区建立文化内核，令社区场景力更强。

通常这种意义的关联，首先会表现在视觉上，但视觉连接只是表象方法，主题、内容、形式的整体策划是解构意义并进行有序输出的重要环节。我们或可想象，一个社区就是一座展馆，党群服务中心的大厅和功能室、社区广场的装置、景观休憩亭及沿途小路都是展厅和展线，就像行走在博物馆或展览馆中，居民和访客每走一段都可以看到不同的内容，走完整个社区，我们对社区风貌、公共服务、社区互动等有了全面的了解。这样的社区，必然会令我们产生归属感。

☆ 梨花读·乡村图书馆位于彭州市葛仙山镇熙玉村

☆ 定位：乡村图书馆 + 乡村展示馆 + 乡村社交地

整个项目的外观呈现鸟巢造型，寓意“故乡为家”。设计者运用传统材料和乡村建造技术，结合现有绿道、栈道系统，用现代风格聚合坡屋顶、茅草等川西建筑元素，表现千年农耕文化，为乡民寻回田园生活记忆。

社区空间一层的定位是村民文化礼堂，同时也是一座沉浸式乡村展览馆。策展以乡村记忆为主题，通过老物件、老照片等的展示，回顾熙玉村发展史，唤醒村民记忆，亦可让游客了解在地人文特色和历史知识。

社区空间的二层和三层的定位是复合式社区美学空间，融合了手工刺绣工坊、烘焙工坊、创意工坊以及水吧、咖啡吧等文化休闲空间。社区力图营造有质感、有温度、有灵魂的乡村场景，可满足在地居民和外来游客的多元化需求，让乡村图书馆成为共享、共融、共情的公共空间。

图 4-6　梨花读·乡村图书馆

☆“悦居·竹里”位于成华区龙潭街道院山社区

☆ 定位：社区方志馆、社区文化空间

成华区龙潭街道院山社区是客家人聚居地之一，社区里原有很多历史遗迹，承载着客家人作为外来者远道而来的那份复杂的内心情感。然而，随着时代的变迁和城市化的推进，这些遗迹逐渐消失在历史的长河中，那份久远的记忆也随之消散。院山社区在建设物理空间的同时，也致力于建设社区记忆和情感共同体，希望通过空间来传承和弘扬当地客家文化，特别是客家人在长期迁徙和艰苦创业历程中凝聚而成的艰苦奋斗、勇于开拓的精神，以此鼓励教育新一代继续磨炼意志、砥砺品格。院山社区对本土客家文化的传承与弘扬与地方志使命不谋而合——2022 年 12 月，市方志办正式向社区授牌成立“微方志馆”，鼓励社区进一步推进优秀传统文化的继承和发扬。

院山社区“悦居·竹里”的基本功能是为居民提供多元文化服务的社区公共空间，每一层楼都承担着不同的服务内容，包括民族工作服务站、创新创业基地和共享空间等。整个项目通过策展，系统、科学地展示传统客家文化，刻画出客家人心灵手巧、吃苦耐劳、勤劳勇敢的形象，让居民们更清楚地了解自己家乡的历史，从而在内心产生强烈的认同感，增强本地群众的历史自信。特别是三楼的“微方志”展示区，分别设置溯源、人文、客魂三大篇章，展览以“家是最小国，国是千万家”“最仰先贤、忠孝清廉”为主题，展示客家家训及客家先贤赤诚报国、行廉志洁的光辉事迹，宣传忠孝清廉精神，弘扬浩然正气，营造崇俭尚廉的社会新风尚。

策展不会只局限于空间，空间中的内容同样需要精心策展。院山社区“悦居·竹里”不仅有融入空间美学系统的固定文化展示，还会由社区定期开展客家传统艺术节、客家老物件展览等活动，通过多媒介形式延续客家文化，传承特色民风民俗，营造社区“客家乡愁与记忆”的氛围感。社区邀请客家社工老师组织低龄段小朋友开展“客家故事会”，使用“客家方言”带领孩子和家长一起进行绘本阅读。用客家语言表达出来的故事，充满趣味与韵味，加深了孩子们对客家民俗、传统美德和优良家风的了解，培养了孩子们热爱家乡，传承祖训家规的美好情感，让客家文化以有趣的形式得以延展。

04 社区策展的思路方法

社区策展、以展促设，即用策展的思维来进行社区设计。如何进行社区策展？其目标和方法与艺术策展异曲同工，围绕着“选择”和“呈现”进行开展。

遴选

上头万条线，下面一根针，社区工作千头万绪，再加上不同社区千差万别的情况，社区里发生的故事纷繁芜杂，包罗万象。策展的第一步，即从大量素材中遴选出高质量的、有用的素材，这些素材之间的关联度较高，且能够通过文本进行诠释、表达和演绎的部分，很有可能成为展览的主题和核心内容。切忌对素材不做悉心梳理和选择，也不去研判素材拥有的共性，只用“罗列”的思维来处理策展素材。遴选的过程即了解观察，并通过思考提升对社区理解的过程。

塑造

社区策展人塑造的对象是“感受”和“体验”。素材，无论是信息还是故事，都可以通过媒介化和场景化，激发令人印象深刻的体验，创生出能够引发共情和共鸣的感受，并且促发更多层次的思考。“塑造”的过程，是策展中最具艺术性的环节，我们需要先抽象再具象，先抽离再沉浸，这是一个有趣但要求创造性极高的过程。

设计

“设计”则跟随着“塑造”发生，它的工具性显而易见。在我们讨论策展的时候，视觉设计只是其中很小部分的工作。前序工作几乎都在明确设计的需求，而设计本身要面对的最重要的工作对象是“经历的过程”。一位居民，从踏入展览空间（可能是独立空间的社区美术馆，也可能是开放的街巷）的开始，到离开，他看到了什么，获知了什么信息，产生了什么共鸣，引发了怎样的思考——总之，他经历了什么，这都是需要通过设计来实现的对象。

赋予

“赋予”不是社区策展最后一步，而是贯穿始终的一项工作。我们通过策展，赋予展示素材以“意义”。意义像一面镜子，反射出我们参与社区发展的个体呈现；意义也是一面高高举起的旗帜，激发我们对于社区参与的热情，它是号召力的源泉，驱动着我们去履行社会责任。

我们把社区策展的过程分解为以上四个环节，以帮助社区策展人更好地确定策展边界，锁定策展主题和核心内容，并且更完美地完成策展。以上每个环节对策展能力的要求都很高，但我们不应拘泥于独立完成，在必要时可以寻求外部帮助。例如，在素材的收集和遴选方面，我们可以寻求专家的帮助、去档案馆查询资料、组织专家评审会等帮助我们确定素材的有效性。社区设计师们则会在塑造和设计环节，为策展人提供服务和建议。任何一项发生在社区的创造性工作都应该通过群策群力完成，这是共建共治共享的社区建设的重要意义。

图 4-7　改造前

图 4-8　改造后

烈士塔社区地处浦口区中心地带，东至文德路、西至中圣北街。这里是渡江战役前的三浦战役之激战江浦的发生地，更是三浦战役战斗最激烈的地方。1957 年，为纪念三浦战役中英勇牺牲的英雄，在凤凰山上建造了革命烈士塔纪念碑。1975 年成立社区时，命名为烈士塔居委会，现为烈士塔社区。

这条近百米长的 L 型街巷原本只是无名陋巷，2021 年进行街巷改造时，为了让更多居民了解这段重要的红色史实，展现这片土地上点点滴滴的生活记忆，社区委托设计团队进行策展和设计，最终将这条街巷打造成一个主题为“百米街巷，百年建党”的 24 小时开放式社区博物馆。

图 4-9 渡江战役回顾展

图 4-10 过往生活打卡展

图 4-11 江浦在地文化展

策展 + 街巷更新 幽兰巷

图 4-12　改造前

图 4-13　改造后

南京梅园新村街道的兰园社区有一条狭长的巷子，巷子的尽头是梅园新村街道的新时代文明实践所。这条巷子非常老旧，一侧是民国建筑，另外一侧是 20 世纪五六十年代的红砖墙。在原本破旧的红砖墙上，展示了社会主义精神文明建设历程，跟随历史的脚步，我们一路走到今天的新时代文明实践主题。

图 4-14 “新时代文明实践”主题展

图 4-15 24 小时社区美术馆

图 4-16 24 小时社区故事馆

第五章
设计思维在社区

查尔斯·兰德里（Charles Landry）在《创意城市》一书中提到："在城市里，要发挥创意并不意味着只关心新事物，反之，你要愿意以灵活的方式，去检视并重新评估一切状况，伟大的成就往往是新旧的综合体，因此历史与创意应该相辅相成。"

01 问题导向

在实践中，社区设计者们会获得一个认知，即社区设计的问题导向。没有一帆风顺的基层工作，在工作中一定会碰到问题，而优秀的设计是需要去解决问题的。

24 小时开放式社区博物馆“故事里”的上空有一道日夜绚丽的“彩虹”，它的由来却是意外。街巷更新完成之后，街道希望修缮一下巷子一边的破旧屋顶，使之匹配街巷崭新的面貌。 然而，在实勘中，设计团队了解到房屋产权属于一家工厂，街道暂时无法获得工厂所有者的同意来修缮屋顶，另外，鉴于现场条件，即便得到业主同意，修缮屋顶的成本也比较高，超过街道的预算范围。

社区设计团队在数次现场分析之后，决定采用一个非典型的建设方法来改善这个问题。故事里街巷的破旧屋顶旁有栋四层楼房，是社区幼儿园。设计团队借用这栋楼的高点，用七彩的尼龙塑料绳拉出一道平行线，散布在破旧屋顶前的围墙顶端。在白天的阳光下，这道平行线绳仿若一道炫目的彩虹，飞跃在碧蓝的天空上；夜晚在灯光的配合下，彩虹绳又变身一瞥绚丽夜景，成为街巷亮化的一部分。这样，来来往往的人们不会关注到彩虹绳背后的房顶，大家的注意力都被美丽的彩虹绳所吸引。当然，塑料绳的成本是很低的，同样它也是通透的，并不会在空间中制造隔阂感。因此，这个问题得到了妥善解决，也为故事里创建了新的景观。

图 5-1　彩虹图

故事里存在的另一个客观条件上的瑕疵，是路面与墙面相接处边缘的粗糙。为了最低成本改善路面的视觉效果，设计团队经过反复思考，设计出模拟青石板路的地绘图案，用来遮盖粗糙路面，再配合夜晚投影效果，来往的居民不仅不会再关注到路面瑕疵，整个巷子在场景视觉上也更具有年代感，更好地契合百年烈士塔这样一种街巷策展的怀旧性。

图 5-2　路面图

螺蛳公园是尧化新村社区的一个社区公园改建项目，社区希望通过老公园的改造，为附近居民，特别是孩子，提供优质的活动场所。公园已有二三十年的历史，中心区域的乔木已经生长得颇为高大，遮天蔽日。社区一度计划挪走大树，但是得不到相关部门的准许。设计团队在现场深入观察之后，有了新的角度。正是因为这些生长多年的大树，居民楼环绕的小区里难得地发展出一个自然生态系统，是鸟类、植物和昆虫的栖息之所。设计团队进而随同社区进入居民家中走访调研，了解到社区没有科普平台，而家有儿童的家庭对此有需求，于是设计团队决定赋予社区公园新的使命，锁定了建设一所社区自然学堂的设计目标。在这所社区自然学堂里，不仅有自然环境，还有鸟类和昆虫观察装置、水净化装置等，社区的孩子们不但可以在社区公园里玩耍，而且可以在这里观察自然，开展科普活动，学习科学知识。

社区设计需要深刻的洞察力、灵活的头脑和清晰的目标。解决问题是基本诉求，但社区设计不能停留在解决问题上，社区设计者们还应该把解决问题和找到需求相结合。

改造前：这个长长的走廊是江浦街道智慧健康医疗服务中心的一个走道，走道是原来老平房的户外通道，低矮阴暗，几乎是无效空间。

图 5-3　改造前

改造后：对于老龄人士来说，一个半户外的活动空间是非常有必要的，因此设计团队改建了原本光线不足的通道，为老人营造出一个阳光充裕的半户外活动空间，既透阳光又遮风挡雨。

图 5-4　改造后

改造前：左上角图片里红框所打的位置是幽兰巷入口处的矮墙，因为墙体高度不够，展示效果非常有限。设计团队面临的挑战是，如何在提升美观程度的基础上赋予墙面一定的主题或功能。

图 5-5　改造前

改造后：经过思考，我们决定在这里建设一个志愿小站。它有一个可开合的背板。背板合上去时，它是一个模拟的书报亭，背板放下来时，墙面的黑板外露，背板则架构成一个柜台的形式。我们想象的使用场景，如果志愿者要进行集结和活动的时候，他们不用再跑到巷子最里面的实践所里，而是在这里召开一个临时现场会，在黑板上讲解一下今天的活动流程和注意事项，把传单、工具或红马甲放在柜台板上进行分发和管理。它就像一个志愿者的站台，设立在最容易集结的地点。相比在巷子深处的实践所进行志愿者的管理和志愿活动的管理，在巷口的志愿者活动本身就是对志愿服务文化更显性有效地传播。

图 5-6 改造后

02 设计思维五步模型

在以上社区设计项目中问题的发现和解决，都是在设计思维的指导下完成的。设计思维不是设计工具，而是一种思维方式和方法论，它首先由设计行业提出，因为有效而逐渐地推广应用至各个领域。斯坦福大学 D.School 率先将其作为创新课程纳入教学系统，欧洲和中国国内的高等设计院校也迅速跟进，将设计思维引入各国的创新教育体系。在工业界和企业界，各大公司和知名品牌都是设计思维的拥趸，和苹果公司合作密切的设计机构 IDEO 能够持续创新的驱动力也来自设计思维。

作为创新方法论，设计思维的学术内涵非常抽象。我们引用几位相关专家的言论来帮助大家形成对设计思维的初始印象。斯坦福D.School 的创始人David Kelly 大卫·凯利认为：“设计思维是一种思维方式和方法论，可以帮助我们在日常生活中为所服务的人群持续创新。”德国HPI 学院院长乌尔里希·伯格教授说，“设计思维是世界上最先进的创新方法”，IDEO 的查尔斯·海耶斯认为，“设计思维是发现问题，解决问题”。

由此可见，问题和创新是设计思维的关键词。创新 innovate，源自拉丁语 innovare，意思是学习和参与式分享。创新的拉丁词源给了我们三点启示：

1. 没有学习，就没有创新。创新是一个学习的过程，学习新事物，才能创造新事物。

2. 没有分享，就没有创新。创新是一个分享的过程，没有分享给更广泛的受众参与，就很难磨砺出新知与真知。

3. 创新是一种价值观的选择，因为学习和分享都需要主动完成。现实中我们遇见的创新型人才的确都热爱学习、不吝分享。

了解完设计思维的相关背景后，我们用一个设计思维过程带领大家熟悉设计应用的行动路线。

斯坦福设计思维五步骤模型：共情，定义，构思，原型和测试

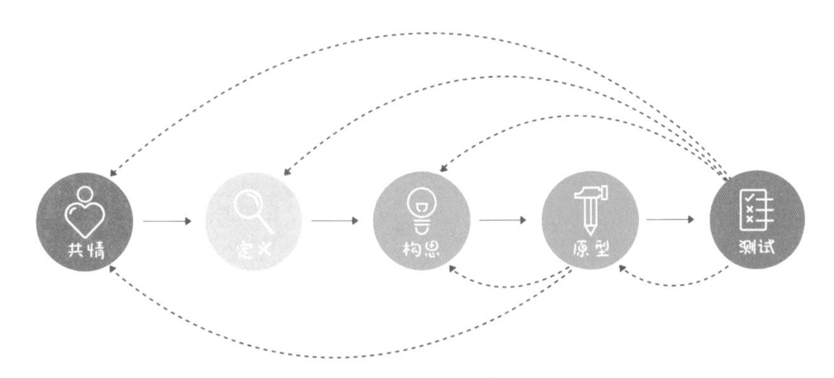

图 5-7　斯坦福设计思维五步骤模型

它描绘了问题解决的发散与收敛过程，可以看到从左往右是发散—收敛—发散—收敛的过程。首先对问题发散，探索各种可能性；然后收敛筛选，做减法，选出认为最重要选项，接着基于问题构思解决办法再收敛，从中选择最有利的解决办法。

共情（Empathize），也就是上面提到的以人为本，以用户为主体，去观察、倾听、访谈，和用户产生共情，目的就是分析出用户需求，整理需求用户，排定优先顺序。这个过程要我们深入了解用户当前最关注、最需要解决的问题是哪些，需要根据团队的资源状况做出取舍，聚焦到核心问题上。

构思（Ideate），头脑风暴和草图是最为常用的，目标是产出尽可能多的构思方案。在方案发散阶段，我们不需要过多考虑技术的可实现性，因为在后续环节，一些看似有很大技术瓶颈的方案可以逐步演化为可施行的开发方案。

原型（Prototype），构思导出的问题的解决方案。方案是否能行，就要对用户进行测试（Test），这步就相当于我们给甲方讲方案，测试方案可不可以通过。

当然，设计思维的这五个步骤，并不总是顺序的，我们可以从任何一个点开始。如果方案没过，我们再从构思开始，设计模型，用户测试，直到方案被认可。通过设计思维过程，我们可以找到改变思维的方法，减少试错成本的同时，让思维帮助我们实现真实的场景和目标。

如何通过社区设计缓解缺乏积极和温暖的社区邻里关系

俗话说"远亲不如近邻"，但是现如今的邻里关系与过去相比已经发生了很大的变化。以前，在一个单位工作的人们住在同一栋楼或同一个院子里，家长之间是同事，孩子们是同学和伙伴，彼此见面会打招呼，平时有空也会互相串门。而现在小区的居民大多过着各自独立的生活，邻里之间并不熟悉。

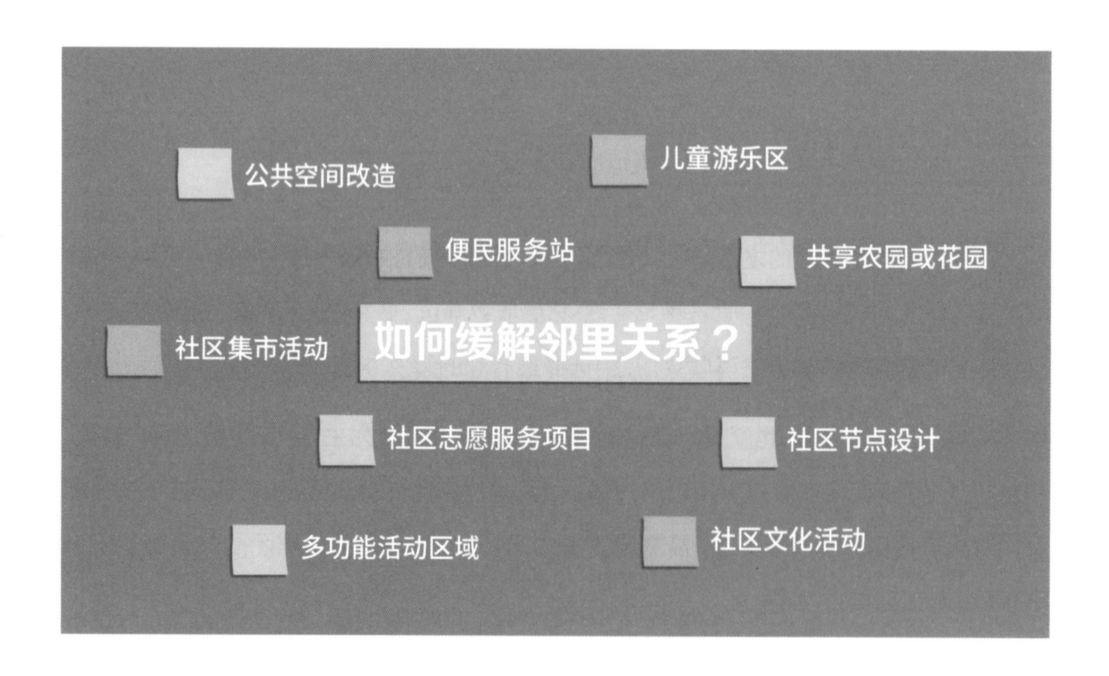

问题关键词：社区设计、缺乏积极和温暖、社区邻里关系

第一步，共情环节，以人为本，分析问题产生的原因。我们需要思考是什么导致了冷漠的邻里关系，我们可能会想到社区模式变化、社会变迁、社会流动性增加等原因。

第二步，定义环节，进行问题陈述，聚焦核心问题。对于之前提到的原因，我们需要深入思考并细化这些问题。我们可以发现社会模式变更导致住宅结构变迁，一些社区结构不合理，公共活动空间有限，社区组织的活动较少。此外，物业等服务机构的兴起减弱了邻里互助需求；流动性增强也带来地域差异和职业差异；社会变迁和网络普及减少了居民面对面交流的机会；生活节奏快、时间和精力有限、生活压力大也使得邻里之间的沟通变少。

通过上述环节，我们已经找出了社区邻里关系缺乏积极与温暖的部分原因。这就是找出正确问题的过程。接下来我们将寻找解决问题的办法。

第三步，构思环节，发散思维并产生更多点子或想法。也许我们可以通过加强社区文化宣传来增强邻里亲切感和居民认同感；居委会可以搭建有效的交流平台，增强居民互助意识；为居民创造良好的生活环境，缓解生活压力；合理规划社区布局，增加居民之间的了解等。在这个阶段，我们并不追求提出正确的想法，而是要生发最广泛的可能性。

第四步，原型环节。在这一阶段，我们将从之前的构思阶段中选取一些成熟的想法，并形成一套完整的方案。比如，在文化宣传方面，可以增设宣传栏来树立社区邻里和谐的观念，增强社区凝聚力。要搭建“邻里互动、社区联动”的活动平台和互助平台，则需要一个适合的空间，比如居民议事厅或者活动室。通过这样的改进，我们可以改善社区治理方式，并鼓励居民积极参与社区管理。此外，在环境整治方面，我们还可以发掘养花种草、乐于助人的社区能人、达人和热心人士，打造一个属于居民休闲娱乐和放松场所的社区花园。此外，还可以成立心理咨询平台和情感宣泄场地。

最后一步，测试环节。这个环节至关重要，因为我们需要检验方案是否可行。通过角色扮演进行快速迭代测试，我们将得到经过验证的方案或者需要改进的方案。哪一环节还不够完善，我们都可以精确地定位并进行改进。无论最终结果如何，我们都已经取得了进步。

03 社区设计的项目化管理

作为一项专业服务工作，社区设计和其他类型的设计工作一样，需要通过项目化来提高资源的投资收益率（ROI），优化设计流程以提升设计团队的工作绩效。在完成一项社区设计工作的过程中，需求边界扩散、项目周期管理、成本控制等方面的问题往往无法避免，而缺乏项目管理的社区设计团队在面临这些问题时，往往束手无策、被动解决。相反，严格执行项目管理的团队，有能力识别和预判各种潜在风险，并通过提前干预，尽可能将这些问题对于设计项目的影响控制在最小范围内。社区设计项目化，是对社区设计工作相关的人、事、钱的全面管理。

根据美国项目管理协会的定义，项目是为创造独特的产品、服务或成果而进行的临时性工作。对项目更完整的诠释是，人们通过努力，运用各种方法，将人力、材料和财务等资源组织起来，根据相关策划安排，进行一项工作任务，以期达到由数量和质量指标所限定的目标。我们不妨用几条简洁的小贴士来让大家更好地理解项目的特点：

项目是有始有终的：项目不可能无限期拖延，需要设定明确的完成时间并为之努力。

项目是有具体目标的：项目要有各方沟通一致的具体目标，目标不仅仅是需完成的任务，还是项目范围、成本和时间的合理配置。

项目是需要投入的：项目需要投入，不限于资金和资源，也包括人力、知识资产等。

项目的资源是有限的：任何一个项目，都不可能无限地使用资源。正视资源天然的稀缺性，并时刻将成本控制作为项目管理的重要任务。

项目是要有可交付成果的：项目要有明确的交付，不能只劳动，没有产出。

项目经理 / 项目管理团队

社区设计项目化，首先要锁定项目经理的人选。项目的管理需要有人全面负责，项目经理对社区设计项目的管理负责。项目经理通常由社区设计团队的人员负责，鉴于项目经理需要对设计专业维度和流程非常熟悉，该职位很少由甲方，也就是社区及相关部门的人员担任。

但在某些情况下，甲方会和乙方共同参与项目的管理。这种情况通常发生在，甲方对于时间节点有非常高的要求，或者甲方是该项目相关专业领域的职能部门，而项目的专业要求又比较高。此类情形下，甲方和乙方可共同组建项目管理团队，只要明确好团队中每一位人员的管理职责、协同方式和沟通机制，相互学习，通力合作，一起努力确保项目顺利进行。

我们把社区设计项目的全生命周期分为五大阶段，用来明确项目在不同的状态下的目标是什么，面临的挑战又有哪些，如此我们可以聚焦到具体的问题并寻求解决方案。

社区设计项目的五大阶段

启动 → 计划 → 执行 → 监控 → 收尾

启动

启动阶段虽是社区设计项目流程的第一个阶段，却也是最容易被忽视的一个阶段。一个社区设计项目不是凭空出现的，需求的提出往往是基于存在的问题，而社区中存在的问题复杂多样，其中哪个或哪些问题可以转化成具体的设计需求，又能够进而设定为明确的工作范围，且涉及哪些居民、哪些部门和哪些相关人员，又能如何争取配套资金投入，这些观察、探索、研究和沟通的行动，皆属于启动阶段应该完成的事项。须提出的是，启动阶段的各项工作和其他各阶段的所有工作一样，并不严格界定是甲方（社区、街道或相关出资方）或乙方（设计团队）单方的工作，同样，整个项目流程的管理也不只是设计团队单方职责。社区设计项目的完整执行必须建立在价值共创的基础上，强沟通、强互动是项目成功的关键。

计划

项目立项后，在开始千头万绪的工作之前，我们要先沉静下来，最好是社区设计团队所有成员，包括甲方和乙方及所有相关第三方，大家一起坐下来，以开放的心态，详细讨论具体的项目流程，将设计流程分解成单项的工作任务或行动，进行排序、职能分配并规划好每一项工作任务的完成时间。

WBS（work breakdown system）工作分解结构

WBS 是我们在项目管理中常用的方法。与其说 WBS 是种工具，不如将它定义为工作思路。简单来说，WBS 是把一个包罗万象的复杂项目，像剥洋葱一样逐层分解，直到不能再细分，这样要做的具体工作任务都是清晰明确的，由哪位团队成员来负责也是明确的，通过 WBS，我们既可以看到项目范围的全貌，也可以形成项目的完整计划。

Tips:

- WBS 的工作分解要有可交付成果，如计划书、手稿、文本、平面稿、效果图、施工图等。
- WBS 的工作任务要明确到个人。
- WBS 要设置重要节点（里程碑）。

在实践中，我们通常会把 WBS 和项目进度规划表结合起来，为项目团队提供一套完整的项目进展图谱。所有人通过项目规划表，按图索骥，找到自己要完成的任务，明确自己要交付的成果以及交付的时间节点，同时对前后环节的衔接也了然于心。

执行

完善的计划是确保项目执行的顺利的前提，在项目执行阶段，项目团队需要齐心协力，脚踏实地，按照计划一项一项地完成任务、交付成果。团队的执行绩效，取决于很多能力要素的综合，如创意能力、工具使用能力、表现能力、分析能力、沟通和协调能力等。然而，比能力更重要的是态度，在所有能力要素之外，我们还需具备很强的职业精神。所谓职业精神，是指永远希望把事情做得更好的内在驱动。对设计的评价是没有量化标准的，设计工作优秀与否，与从事设计的人的主动性高度相关。

在执行阶段，对于项目干系人的管理尤为重要。项目干系人 (stakeholder) 是参与项目，或利益受项目影响的个人和组织。项目干系人的范围不仅广泛，而且会随着项目进展而发生变化。例如，在项目早期，项目干系人只有甲乙双方、项目发起人或出资方等，而进入项目执行阶段，供应商开始介入项目，到项目最后的结束阶段，验收审计人员出现并成为关键人物。设计团队需充分理解并认可项目干系人对项目成功的贡献，绝不能只埋头做事而不关注项目干系人的情况和诉求、不对项目干系人进行管理，以免给项目带来风险。

社区设计项目中，最重要的项目干系人之一是社区居民。由于社区居民是由个体组成的群体，往往由于个体的主动参与度有限而整体游离于社区设计项目执行之外，但他们的生活福祉才是所有社区设计项目的终极目标。项目团队应主动邀请居民参与项目，设计各类互动形式，为居民参与创造机会，收集分析他们的需求，通过项目共建，提升居民的幸福感和满意度。只有管理好社区居民这一项目干系人，社区设计项目才能实现真正意义上的成功。

监控

项目执行的同时，项目管理人员要对项目进度、交付成果、范围变化等进行监控，将实际进展和项目规划进行实时比对，判断项目执行是否发生偏差，如有偏差要及时进行纠错。在监控阶段，最重要的关键词是“风险”，我们要正视风险并积极应对。

在社区设计项目中，最显著的风险有项目范围蔓延的风险、流程风险和进度风险。所谓项目范围蔓延的风险，即在项目执行过程中，原定的设计需求发生变化和调整，项目的边界逐渐消失，设计师被困在复杂又无效的修改工作中，这样的问题并不鲜见，原因可归咎于两类：启动时需求模糊和执行中沟通失效。

社区设计需求的提出者，是居民、社区工作者和政府部门人员。他们的背景和角色各不相同，对需求的观察和理解也不尽相同。另外，相较于商业项目中受过职业训练的专业人士，社区设计需求提出者在涉及专业的表达角度、层次和能力上都会存在差异。如果设计项目团队没有重视这一问题，项目经验也有所欠缺的话，在项目启动阶段，团队接收记录的需求往往是片面甚至是有偏差的。如果在执行阶段，项目团队和甲方、项目干系人的沟通也不能识别存在的风险，并聚焦解决问题，那么范围蔓延得不到控制，项目进度和交付成果都会受到影响，甲乙方满意度折损，产生矛盾。

流程风险也是社区设计项目中常见的风险。鉴于社区承载条块工作的复合性，设计项目的实施通道也较为复杂，甚至会出现原本甲方工作人员认定流程在真正实施时才发现行不通，要更换通道去申请资金。如情况严重，已完成的工作要全部推翻，已产生的费用也不予认可，这是甲乙方都不想看到的局面。

社区设计的这些项目风险是客观存在的，这对社区设计团队提出了更高的能力要求。设计专业工作技能只是社区设计团队必备的基本项，要想把社区设计做好，社区设计团队一定要对社区“入乎其内”，了解社区的基本情况、项目背景，也要熟悉当地政府当下的工作热点和项目流程，主动向甲方明确哪些不确定会对项目范围、流程和进度造成风险，积极沟通，共同寻求解决方案。

收尾

收尾是项目的最后一个阶段，该阶段工作主要包括设计成果打包交付、与甲方及供应商结算、项目满意度调查等。还有一项工作对我们尤为重要，即知识资产的整理存档。社区设计项目的过程也是知识再生产的过程，有创意的设计成果是其中之一，很多过程文档，如手稿、思维导图、手绘素材、拍摄视频等，即使不是交付成果，却也都是项目的知识成果。除了有形的文档，还有无形的项目经验，这些存在项目团队成员大脑中的技巧，如果不加以整理使其文本化，就难以成为组织化的经验，随着时间的流逝而被个体遗忘，那将会非常可惜。在项目收尾阶段，项目团队可以趁热打铁，整理项目成果和经验，将会对未来的工作大有裨益。

复盘是项目团队沉淀知识的重要工具。复盘是指在项目结束后，把所有经过的流程、完成的任务、碰到的问题都重新回顾一遍，整理经验和教训。这是一个审视、分析和总结的过程，也是寻求不同可能性的机会，例如，团队一起思考项目过程中发现的问题，如果用另一种解决方式会不会更好？这种探究促发社区设计团队更为活跃的思考，永不满足现状——这是专业人士的追求。

任何一项工作想做得更好，一定会要求做事情的人更为专业。在大设计领域里，社区设计是个非常特殊的细分存在，除社区设计团队之外，项目干系人往往都不是专业人士。如果把项目团队比作乐团，那么社区设计团队担任的角色就是指挥，指挥棒是专业角度、社区化的洞察力和职业精神，通过挥舞指挥棒，社区设计团队带领社区、居民、政府部门工作人员等一起组成声部，让声音和谐清晰，最终奏出美妙的乐章。

第六章
社区设计指导准则

01 社区设计应以人为本

“我们的党群服务中心需要设计”“请帮我们设计下红色物业的品牌和空间”“小区景观要更新了”“我们要创建儿童友好社区”——社区设计需求的提出，总是围绕着具象的目标物，看似明确，但事实上，它们都可能只是“伪需求”。这些目标物并不等同于真正的服务对象，相反，我们常常被这些目标物所误导，只看到目标物的特征，而忽略了目标物的使用者——人的诉求，特别是社区居民和社区一线工作人员的诉求。

以人为本的设计理念已经发展多年，无论是前文已介绍过的“设计思维”，还是接下来要介绍的“服务设计”，其方法论的内核都是“以人为本”。理念或许抽象，但实践的抓手清晰有力。社区设计以人为本，可以解析为以下几个要素：

01 社区设计要使设计对象符合使用者——社区居民和社区工作者的心理特征和行为特征；

02 社区设计不仅要顺应社区居民客观合理的行为模式，并且要引导激发他们更多的、积极的行为；

03 社区设计不仅要满足居民作为独立个体的需求，而且要为居民和居民、居民和社区工作者、居民和社会之间关系的生产提供条件。

02 设计要用心

为了帮助设计师更精准地把握特定的设计需求，相关部门制定了很多专项标准，如养老服务空间的建筑标准等。除官方标准外，设计师和设计团队在工作中也应要求自己不断总结经验，形成内部标准，服务于专项标准。

如果设计师能把每一个设计项目都视作一个和社区共同完成的研究课题，那么每完成一个项目，设计师在知识的沉淀上和实际经验的发展上都会有一次突破。

在完成一个拟申报国家级社区智慧养老项目的设计后，我们将过程中研究的成果和创建的知识资产形成了一套相对完整的社区居家养老服务中心营建标准。该标准对于此类空间的空间构成与组成要素、适老化和残疾人友好细节、动线、导视系统及照明等做出了明确规定，在我们此后的居家养老服务空间设计工作发挥了巨大作用。

功能要素

社区居家养老服务中心应配置的功能要素有护理、残疾人康复、阅览书画、活动、娱乐等。

社区居家养老服务中心可补充配置的功能要素有养老床位、助浴、诊疗、助餐、辅具租赁、时间银行等。

灯光

室内装饰灯光应选择暖色防眩灯光，尽量减少主光源，如吊灯或顶灯，用辅助光源进行配合，照亮房间，不宜大面积使用灯墙、彩色光等，以避免造成老年人眩晕。

门窗

门的宽度应不小于 0.8 米，可容纳两人错身经过，或一辆轮椅自由出入。

功能空间的房门建议采用吊轨式平开门，保证地面没有高低差。材质以木质为佳，门面上留有少许面积镶嵌毛玻璃，既透光又保有隐私。

导视

导视上的文字宜选用结构明确、笔画粗细一致的字体，最小字号的字体高度应在1.3厘米以上，以方便老年人在一米距离处可看清。同时，简洁、圆润的字体会更加具有亲和力，适合养老空间使用。

材质

空间选用材质应兼顾安全和温暖舒适，木质和织物的结合使用可达到理想效果。

材质应健康环保，甲醛和其他释放物含量应符合国家行业标准。

便于清洁去污是材质选择的另一标准，特别是备餐和卫浴区域。除防滑需要，材质应减少纹理纹路，减少清洁压力，颜色也应选用较耐脏的颜色。

景观

户外景观应采用易于管养的植物组合，有条件的可以部分采用体验性植物景观，如可栽种需要维护的果蔬或可触碰感受的植物，可有效刺激老年人的感官体验，改善身心状态。

户外景观不易采用过多高大乔木，避免遮蔽阳光，减少光照。宜生虫害的植物、有异味的植物都不宜栽种。

色彩

为了选出真正适合年长人士活动的空间色彩，我们查阅了大量的设计文献及研究年长人士心理特征的相关材料，经过讨论和总结，我们认为社区居家养老服务中心的整体色调应选择可调节情绪和提供安全感的暖色，如暖白或米白、原木色和米色，但不应大面积使用过于浓烈的颜色，如红色、橘色。同时，空间内应配置至少一到两种自然色，如草木绿色和木肌灰色。自然色可结合材质或景观出现。整个空间可运用色彩组合来最大限度创造适合老人的舒适环境。我们在标准中向社区居家养老服务中心推荐使用的颜色如图 6-1 所示：

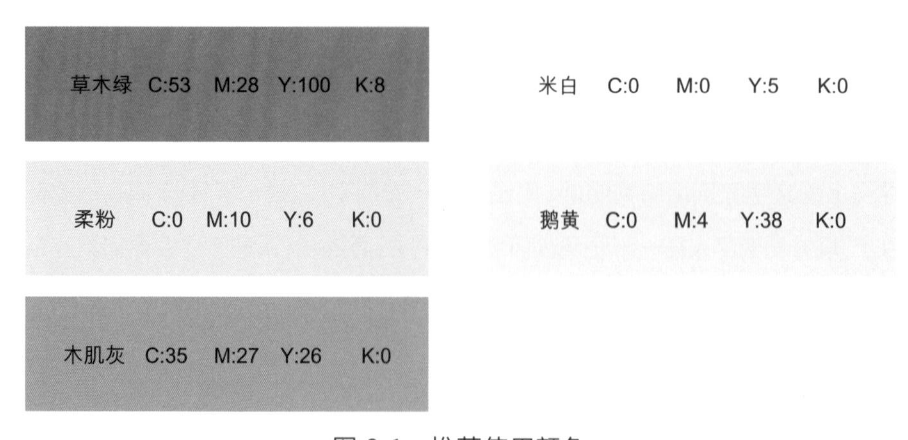

图 6-1 推荐使用颜色

标准化是设计的捷径，可提高设计效率。然而，社区的客观情况千变万化，人的需求也是复杂的，作为社区设计者，我们也要警惕刻板标准化。归根结底，设计者的设计对象是“人”，而不是标准。社区设计工作不应局限于纸面标准，一定要细心观察体会和理解，这些才是一切关爱工作的基础步骤。

在社区广场建设中，社区设计者模拟出各种自然地形，创建坡度、凹坑和洞穴，满足各年龄段儿童的运动需求，例如攀爬、跳跃、奔跑和蹲立。地面的选择有软质塑胶、仿真草坪、沙坑、木质和金属等，丰富多样的材质触感激发儿童的感官能力。

图 6-2　社区广场示意图

在街巷的打造中，社区设计的范围覆盖到地面以上仅 20 厘米高的区域，在幼儿可以接触到的点位，他能够找到栩栩如生的小猫咪和小老鼠，能产生与生活环境的情感交流。这是我们植入的小彩蛋。孩子，也是社区的居民，在充满情感回应的社区长大，一定会对这个社区有感情。

(1)

(2)

社区的年轻人要么在外求学，要么在外工作，往往对社区参与的比较少。通过一些年轻化的形象和流行文化属性的文案，吸引年轻人的关注，直至提高与社区年轻居民的沟通频率，用对方能够接受的语汇去讲述社区故事，传递社区营造的理念。

(3)

图 6-3 社区设计展示

03 社区服务设计

社区设计要考虑的要素非常多，但毫无疑问，核心要素还是人。如何以人为本、因地制宜地设计社区，服务设计的方法和工具不可忽略。服务设计以用户为中心、协同多方利益相关者，利用多渠道、全方位的接触点来实现平滑、愉悦的用户体验，其目标在于通过“服务”，为用户及系统中的其他利益相关者创造更好的体验和价值。服务设计对“服务”的定义是一种行为、表现、体验或接触，即在产品的生产和交付中提供某种形式的价值。在社区治理的语境下，这里的“产品”可以转换为“公共服务”“环境建设”“治理实践”等，它们的内在需求是一致的，即“人”是整个设计的核心，而“体验”则是围绕核心的设计目标。服务设计既可以是有形的，也可以是无形的，通过建立利益相关者的联系，将人与其他诸如沟通、环境、行为、物料等相互融合，构建服务模式、服务流程、服务体验等系统解决方案。

“服务设计”的概念诞生于20世纪80年代。1982，著名设计作家Donald A. Norman提出了“以用户为中心的设计（User Centered Design）”。1984年，美国营销学家肖斯塔克（G. Lynn Shostack）在论文中首次将“设计”与“服务”两词结合。1991年，比尔·霍林斯（Bill Hollins）在*Total Design*一书中提出设计学范畴的“服务设计”观念。服务设计经历了从经济学和管理学维度出发，进而跨入设计学科并在此得到充分应用的发展过程。我们现在耳熟能详的设计咨询公司IDEO，在20世纪80年代即成立多学科设计团队，并对设计思维和服务设计都产生了巨大的影响。

如果有两间相邻的咖啡店，每家都以相同的价格出售同样的咖啡，是什么让顾客走进一间而不是另一间？

图6-4 两家咖啡店

答案可能是:

- 也许其中一家有驻场乐队,而另一家则没有;
- 也许其中有一家有更舒适的座位或更温馨的装饰;
- 也许其中有一家的工作人员会在咖啡顶部绘制有趣的图案;
- 也许其中有一家提供手机充电等免费的便利服务。

因为服务体验地提供,客户会感到服务的价值大于所购买的产品的价值,所以服务设计强调围绕"人"在产品或服务的整个生命周期里的体验。

服务设计主要是由设计师进行,运用更精细和广泛的设计方法,关注服务的开发,可以直接影响一个组织的各方面。在服务设计的过程中,应用工具很重要,我们选择一些典型工具,在此做初步介绍。

服务是无形的,为了让沟通更加有效,设计师们将服务提供过程的环节步骤分解并可视化,使其有形展示。服务蓝图主要展示用户行为、服务提供者的前台和后台行为以及支持过程,以此说明服务提供的过程、服务提供者担任的角色和承担的责任以及可见的服务要素。

工具1 服务蓝图(Service Blueprint)

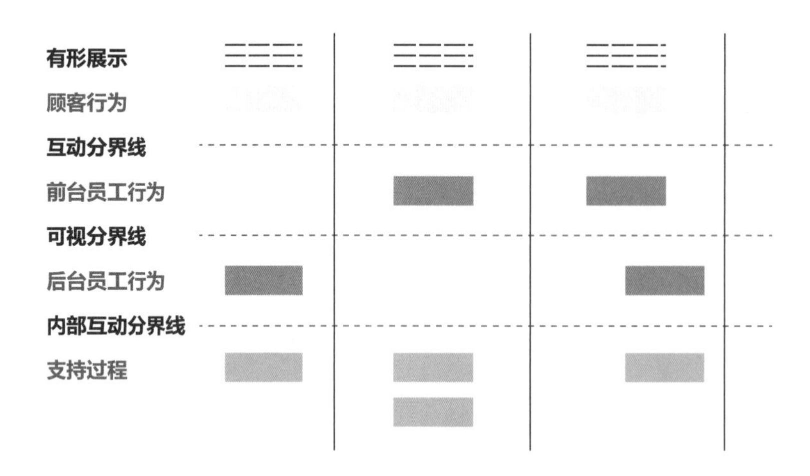

用户旅程图是将一个人为了完成某个目标（购买物品、接受服务、收听内容、分享内容等）而经历的过程可视化的一种工具，通常包含6个要素：阶段、用户行为、用户情感、用户评价、痛点/机遇、用户需求。在服务设计中，用户旅程图是完全从用户的角度来梳理和展示过程的工具。

工具2　用户旅程图（Customer Journey Map）

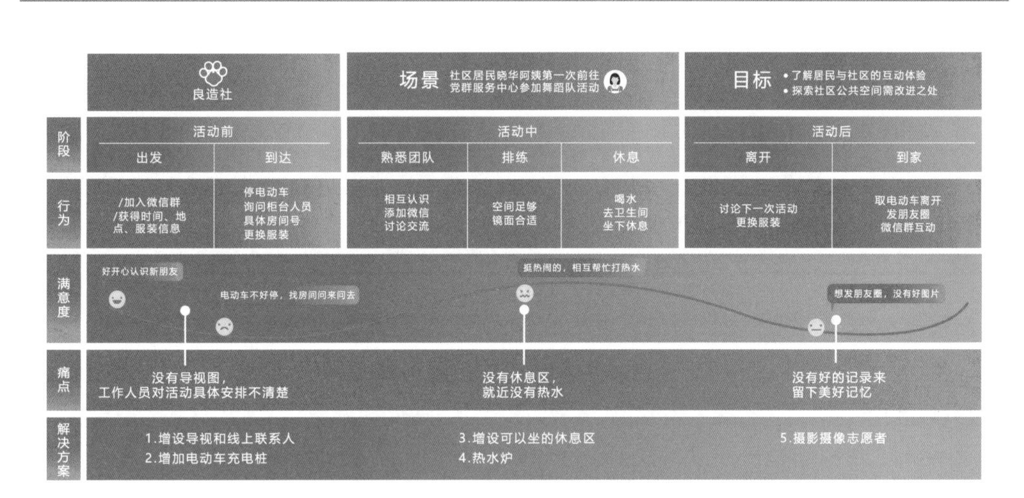

用户画像是清晰描述用户特点，将用户标签和设计需求关联起来的设计工具。用户画像是真实用户的虚拟代表，必须能够代表产品或服务的主要受众和目标群体。

工具3　用户画像

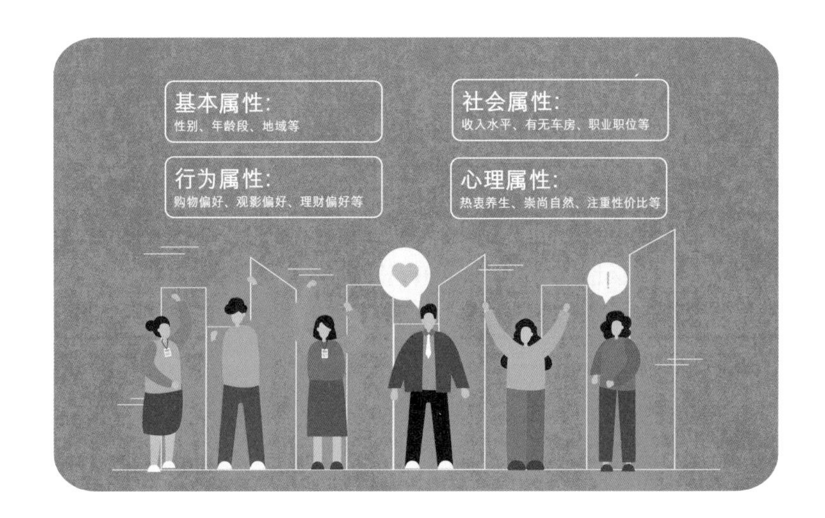

用户画像的 PERSONAL 八要素

P 代表基本性 (Primary)：指该用户角色是否基于对真实用户的情景访谈。

E 代表同理性 (Empathy)：指用户角色中包含姓名、照片和产品相关的描述，该用户角色是否引同理心。

R 代表真实性 (Realistic)：指对那些每天与顾客打交道的人来说，用户角色是否看起来像真实人物。

S 代表独特性 (Singular)：每个用户是不是独特的，彼此很少有相似性。

O 代表目标性 (Objectives)：该用户角色是否包含与产品相关的高层次目标，是否包含关键词来描述该目标。

N 代表数量性 (Number)：用户角色的数量是否足够少，以便设计团队能记住每个用户角色的姓名，以及其中的一个主要用户角色。

A 代表应用性 (Applicable)：设计团队是否能使用用户角色作为一种实用工具进行设计决策。

L 代表长久性 (Long)：用户标签的长久性。

故事板的概念起源于动画行业，由迪士尼最先提出并应用。在设计领域，故事板是用视觉化方式来描述特定创意在应用场景中被用户使用的过程，有助于创意者理解目标用户在产品或服务使用中的交互情景、适用方式和大体时间。

在整个设计流程的不同阶段，故事板的呈现会随着设计流程的推进不断改进。最初，故事板可能仅是简单的草图，随着设计流程的推进，故事板的内容逐渐丰富，会融入更多的细节信息，帮助创意者探索新的创意并做出决策。在设计过程末期，设计师依据完整的故事板复盘产品的设计形式、使用效果、用户价值和设计品质。

工具4 故事板

从设计思维到服务设计的社区实践：老龄社区的改建

该老龄社区是一座由南北两栋楼及侧边围墙共同围合的独立院落，居住户数60户。因建造年代久远，近期有关部门投入资金对其进行出新。然而，出新结束后，该老龄社区的管理者们发现老人的居住需求远远未得满足。以健身场所为例，社区设计者到访现场后的第一判断就是小区老人应该都不会来这里活动，与管理者沟通后也验证了这一判断。

图 6-5　老龄社区图示

第一，健身场所在住宅大楼的正北面，完完全全被大楼挡住了阳光。老人由于身体原因，是非常需要阳光的，特别是南京这座城市的秋冬季节还比较寒冷，对温度敏感的老人不会待在没有阳光的户外。

第二，该社区所居住的老人平均年龄是 83 岁，而现场这些健身器材都是需要有一些大幅动作、大运动量的，高龄老人是无法去使用这些器械的。

第三，健身场所没有一个可以坐下来的地方，而老人的户外活动场所，一定要设置充足的座椅，方便老人随时坐下休息。座椅也要合理配置，有单个座椅，也要有供老人聚集交流的群椅。当下的城市都在推广城市家具的概念，哪里都有座椅，随走随坐。在这样的一个老人社区中，没有预留出可以让老人去坐的椅子，这个空间对于老人来讲一定是无效的。

该社区健身空间是非常典型的由粗放型工程化思维给人居社区带来环境缺陷的案例。这种情况并不少见，很多社区有着整齐划一却毫无美感的外立面，有着貌似全面但使用率相当之低的功能设施，以及造价和维护都很昂贵以至于难以可持续的绿化景观。然而，建设和更新社区的时候，绝不是找块空地塞进健身器材等功能就够了，而是要从人的角度，观察、调研和思考居民的特点和需求，再在空间里合理安排，确保设施落成后，居民可用、能用、好用。对于设计者和建设者来说，专业往往不是问题，区别的是工作的视角和心血投入。

除了健身场所，社区还存在着其他问题：机动车环形动线受阻，救护车消防车不能通行；景观区域杂乱，无法进入；座椅破烂不合理；没有户外公共活动场所。

便利贴游戏环节：用设计思维和服务设计的思考模式带入老龄社区实例，找到解决办法

关键词：日常生活需求、适老化需求、优质生活需求

便利贴词汇

生活需求	心理需求	社会需求
晒太阳	休闲娱乐	婚恋交友
无障碍通行	兴趣发展	党史展示
便利服务	关怀陪伴	社会参与
生活照料	修心养生	公益回馈
医疗救助	文化服务	再就业

图 6-6　改造前

图 6-7　改造后

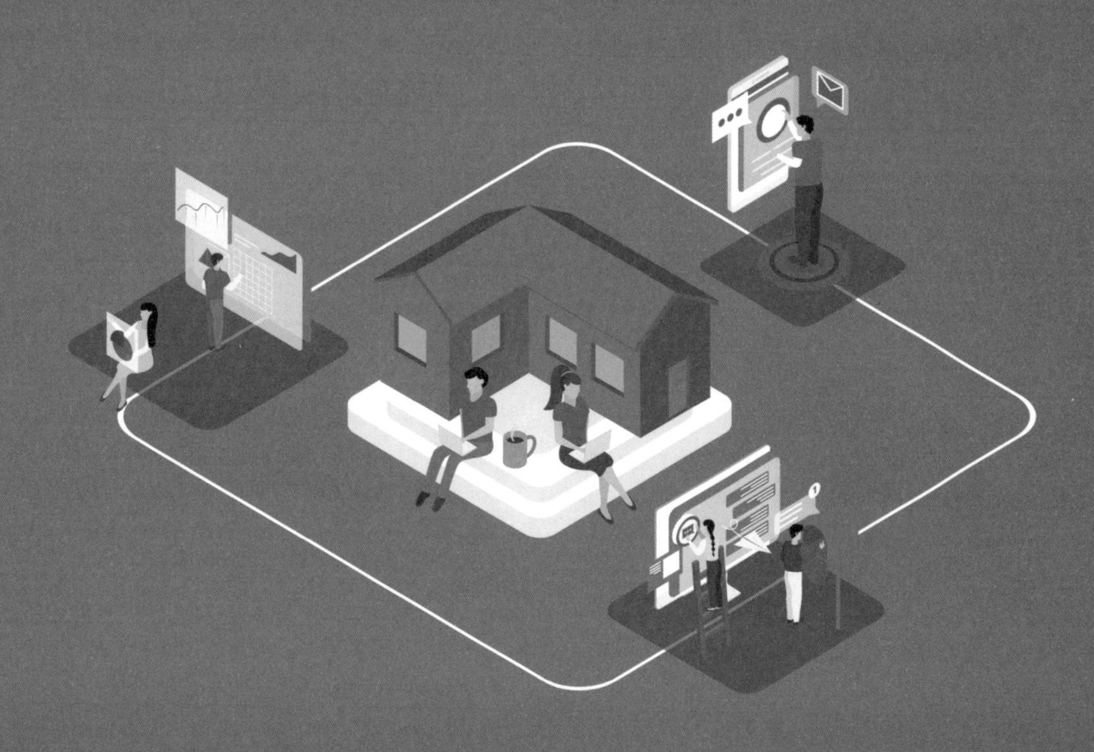

第七章
社区设计的治理功能

社区设计是以治理为导向的设计。区别于其他以设计对象或设计媒介为边界来定义的设计领域，社区设计应以满足基层治理需求为前提，并涵盖此前提之下的任何设计形式和路径，如功能建设、场景搭建、内容生产和意义构建——治理即社区设计的边界。

01 设计过程中的价值共创

联合国 1955 年通过的《经由社区发展推动社会进步》报告指出:“社区发展是一种经由全区人民积极参与与充分发挥其创造力,以促进社区的经济、社会进步情况的过程。”(United Nation, 1955:17) 将社区发展视为一项社会运动,通过少数人的发动、宣传、激励方式动员社区居民参与社区发展,正在成为推动社区建设或社区发展的重要行动策略和方法。在我国,社区治理由党建引领、政府主导、多元共建。社区居民作为社区治理的主体,是影响社区建设和发展成效的关键要素。然而,在社区设计中,最容易被忽视的就是居民的主体性,而居民的主体性又是通过社区参与来建构的。如果社区居民没有参与社区设计的全过程,即便在客观上受益,也难以在主观上感受到自主性的确立和尊重,无法建立归属感,进而缺乏长期参与社区建设的动力。

设计和艺术有诸多不同,其中最重要的一点是,艺术的主体是艺术家本人,设计的主体则是设计所服务的对象。艺术以艺术家为中心向外发散,可以没有边界,而设计必须尊重设计需求的真正提出者,即设计的使用人,且必须具有明确的需求边界,如要解决的问题、时间和成本等。

图 7-1 艺术与设计的区别

在社区的实际情况里,设计的使用者是居民和社区工作者,与设计团队达成实质性接洽沟通的往往是社区工作者。优秀的社区工作者是居民的代言人,在日常工作中体察居民的诉求,思考能为居民做点什么,再转化成设计需求,传递给设计者。然而,社区设计中居民主体性缺失的问题仍然存在。如果社区工作人员了解一些设计的相关知识,那么就能够在工作中更好地与居民协作。设计是流程性工作,在规划设计流程的时候,就可以把居民作为项目干系人考虑在内。居民可以参与到社区设计的全流程中,但不同的设计阶段，居民参与的维度和方式可以不同。我们把社区设计分为四个主要阶段，并罗列出这四个阶段内，居民参与社区设计的诉求和一些形式。

图 7-2　居民参与社区设计的诉求和形式

螺蛳公园

居民对社区的认同感、归属感、凝聚力，需要社区成员通过自己的力量共同解决他们所面临的问题，并共同享有整体利益的过程中产生。

社区设计师与居民一起走访调研

居民、社区、设计团队的线上议事会

居民共绘科普长廊

“社区意识”“社区情感”以及社区的人文环境和文化范围的“社区发育”。

除了居民，社区设计还需要与社会资源联动。社区治理已经进入多元参与、联动共建的时代，除了政府部门、社区和居民之外，企业、社会组织，志愿者、独立创意团队或个人，都可以参与社区设计和建设。社区要秉承价值共创的理念，对社会各界资源做到引导参与、启发培育、共创共享。

02 社区设计的“五个一”工作法

在多年的社区设计实践中，我们总结出社区设计的“五个一”工作法，不仅能够帮助团队更好地完成设计项目，而且可以通过该过程的反复练习，全方位地培育团队的社会洞察力、沟通力和执行力。

“五个一”工作法

一双眼
观察社情

一张嘴
调研、沟通需求

一双手
落地操作

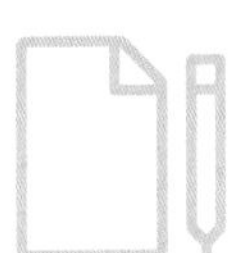

一支笔
文本表现

一群人
跨界创新

首先，我们要用一双眼和一张嘴来观察社情和调研沟通需求。《论语·为政》中“视其所以，观其所由，察其所安”，即观察人的行为，了解其行为的动因，用同理心去感受给他人带来安全感的事物。这是一个需要非常强的主观能动性的过程——同样是入户调查居民需求，社区设计师不能只是机械性地完成问卷，而是要通过问卷沟通的过程主动观察和感受，去发现居民的隐性需求和真实需求，而这些往往是问卷问题难以探寻到的。一位有心的社区工作者总能在细碎繁杂的日常事务中，敏锐地发现问题或精准地总结出问题。专业的社区工作者和设计师，需要具备较强的感性共情能力和较强的理性分析能力。

其次，我们要能自己动手。一方面，社区往往预算有限，作为设计者，我们不能脱离社区的实际情况来做社区设计。为了尽可能让项目落地，在很多情况下，我们要参与到彩绘、搭建、制作、安装等具体的执行工作中。另一方面，躬身实践，才能与社区上下打成一片，更熟悉项目所落地社区的具体情况，掌握第一手信息，做到精准设计和长效设计。

再者，社区设计团队不仅重视视觉，而且也很强调文本能力。所有的社区项目，一定会涉及文本的处理。治理品牌的策划、治理模式的提炼，需要极强的文字能力。治理空间内所有展示内容的撰写编辑，不仅要求文笔精炼，而且需要有广博的社会知识和对基层治理的深厚理解，才能对基层治理模式做最好的文本表述。

江浦街道智慧健康养老服务中心落成记

《礼记》云："使老有所终，矜、寡、孤、独、废疾者皆有所养。"是知敬老尊贤，乃治世之所务者。今天下休平，品物咸亨，政府倡为淳俗，人民益思用事，乃于烈士塔社区作养老服务中心，使里中父老皆有所养，而暮年清暇亦得所乐也。衣食、营护既足，父母皆得顺适，则子女无复后顾忧矣。夫子曰："老者安之。"其此之谓乎？爰为此记，就教贤达，以期共襄其事云尔。

社区设计的文本并非总是标语式、宣讲式和报道式的。一段真诚的、感性的文案，可以令阅读者产生共情，代入社区治理者和服务者的立场，更好地理解他们为提升社区建设所做的思虑，为居民生活福祉而付出的努力。

最后，社区设计需要发展社群。我们需要有一群人，不仅来自社区、设计团队，还有来自学界等不同的背景的，具备创新精神，关心社区建设和发展的人士，通过相互链接、知识分享、头脑风暴、日常探讨、学术交流、展览策划、项目合作等方式，形成关于社区设计的生态系统，具备从理论建构到实践落地这一线路所需的完整要素。如此，社区设计才大有可为。

03 可持续社区设计

“可持续”可能是社区设计最容易被忽视的需求，也很少会有社区把可持续作为设计评价的标准。与其说“可持续设计”是一项设计行为，不如认为它是一种设计策略，它要求设计者们全面、综合地考虑任何存在的问题，通过思考去完成合适的设计，让需求得以持续满足。需要特别强调的是，可持续设计不仅需要让物理属性的要素，如功能需求得以可持续，也需要令文化、理念、意义可持续。

所有细分领域的可持续设计都会首先关注“环境”。社区设计应充分考察了解设计对象所在环境，例如地理位置、人流量、比例构成、附近的建筑物等。这些因素会影响设计者在很多方面的决策，例如设计对象的外观尺寸、安放的精确点位、选用材质等。

设计项目都是有周期的，社区设计项目往往会在短期内结束，但不能因为短期执行，而忽略掉长期需求。相反，我们要考虑长期需求，甚至还要预留再设计的空间。

为了解决这一问题，无论项目大小，社区设计者应在工作中引入精益设计理念。精益设计理念源自精益管理（lean management），意味着从设计链条的第一环节开始，每一步都力求精准地匹配设计能力和设计需求，从而可以高效率、低成本地进行设计，为社区创造价值。

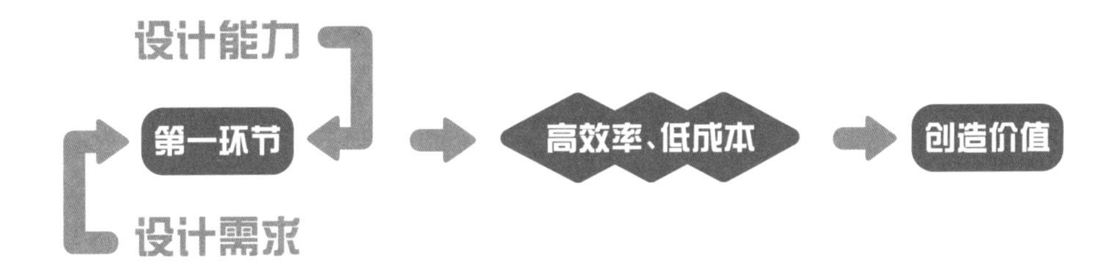

推动精益设计的主体除了专业设计师，还有社区和社区工作者。社区工作者要充分参与设计全过程，他们不仅要提出自己的意见并转化为设计需求，而且要代表和组织居民这一社区建设主体，共同投身于社区设计中。这意味着，社区工作者要高度渗透进社区，掌握全面的社区社情，和居民打成一片，以帮助他们提出有见地的设计构想，同时有能力发动居民贡献力量。此外，除结合创建要求的特定节点之外，社区工作者也应长期关注社区建设。创建的目的是通过主题化的运动形式提升社区建设的意识，促成社区特定职能水平的提高，加快建设节奏，其归根结底是为了创建美好完善的社区，社区工作者理解创建的初衷，洞察实现可持续社区设计所应关注的长期需求和全面需求。社区工作班子要勤于沟通，及时收集各级主管部门提出的专业要求并反馈设计进展，尽量保证每一个设计过程环节的资源配置都是合理的，出现问题也需理性分析，善于协调，通过精益设计提升设计效率和效果。

04 精益社区设计的关键动作

在推动精益设计的过程中，社区设计者可在以人为本的理念指导下，使用设计调研的技术工具，获取和分析对设计执行意义重大的信息数据，厘清需求、规划完善后再着手设计。其中，居民和用户画像、决策者访谈等关键动作，对设计成功与否的影响不可忽视。

居民和用户画像作为启动设计项目的第一步，这是通过设计贯彻落实“以人为本”的人文精神和以“人民为中心”的国家治理精神，同时也是确保设计成果可以发挥最大作用的关键。

设计者们可通过两个渠道来获取他们所需要的信息和数据，以帮助他们深入了解居民这一服务对象并完成画像。首先是社区的居民管理基础数据，如项目周边 500~1000 米区域内居民的户数、人数、性别比例、年龄分层，特别要关注一老一小及特殊人群的数量和集中度，如 60 岁以上和 80 岁以上老人、学龄前和学龄后儿童以及残障人士的人数和分布情况。对这些信息的抓取，一方面可以直接帮助设计者思考并决策特定功能设施的设置与否和数量安排，另一方面，设计者应基于这些基础信息所提供的方向，设计调研问卷，继续深入探究设计需求。例如，基础数据告诉我们，该区域老龄化程度严重，60 岁和 80 岁以上老人占比较高，超过 40%，那么调研问卷的问题设置需要更偏重于对老人需求的调研，如他们是否与家人共同居住，有无隔代照顾孙辈的行为特征，日常集中社交的点位具体在哪里，喜爱的娱乐方式是什么。设计问卷的过程是对设计深入思考的过程，而完成问卷发放、收集反馈的过程，也是打通和居民交流的通道，通过互动加深理解的过程。因此，问卷是工具，重要的还是我们从事社区设计工作的人如何把自己作为方法，投入基础工作中去。

附 社区设计调查问卷

亲爱的社区居民朋友：

您好，非常感谢您愿意分享自己的感受，帮助我们完成本次社区居民需求的调查。通过此问卷了解您在社区居住的感受，知晓您对社区设计的想法，以便我们能够改善社区环境，加强社区建设，使大家的社区生活更贴心和暖心。我们将严格保密您所提供的信息，请放心选择最符合您心意的答案。

1. 您的年龄 [单选题]*

○ 18 岁以下　　○ 18-35 岁

○ 35-60 岁　　○ 60-90 岁

2. 您的性别 [单选题]*

○ 男　　○ 女

3. 您的职业 [单选题]*

○ 无职业居民　　○ 外来打工居民　　○ 家庭住户

○ 学生租客　　○ 原住老人

4. 您居住在该社区的时长？ [单选题]*

○ 1-3 年　　○ 3-10 年　　○ 10 年及以上

5. 您注重的改造模式 [单选题]*

○ 不动　　○ 拆掉　　○ 还原

○ 重建　　○ 改新　　○ 保原

6. 您的居住性质 [单选题]*

○ 长住　　○ 短租　　○ 其他

7. 您对小区的环境是否满意？ [多选题]*

☐满意 ☐一般 ☐不满意

☐不满意的主要原因是 ___________________

8. 您觉得开放社区政策后，街道的开放带来的影响是利大于弊呢还是弊大于利呢？为什么？ [单选题]*

○ 利大于弊 ___________________

○ 弊大于利 ___________________

9. 您认为社区改造前普遍存在的问题主要有哪些？ [多选题]*

☐ 基础设施缺少或需要修补 ☐ 缺乏绿化 ☐ 缺乏休闲活动场地

☐ 缺乏地区文化植入 ☐ 街道车辆乱停乱放，道路拥挤

☐ 其他 ___________________

10. 您认为社区哪些方面的建设还不够完善？ [多选题]*

☐ 社区内设施设备的管理与维护 ☐ 环境卫生的管理

☐ 绿化管理 ☐ 保安管理

☐ 消防管理 ☐ 车辆道路管理

☐ 其他 ___________________

11. 您希望社区增加什么设施？ [多选题]*

☐ 健身器材 ☐ 活动场地（广场、绿地等） ☐ 观赏性绿化设施

☐ 文化交流互动场地 ☐ 停车位

☐ 其他 ___________________

12. 您觉得小区内公共空间应该主要起到什么样的作用？ [多选题]*

☐ 交流沟通 ☐景观打卡 ☐休闲娱乐

☐ 美育 ☐ 宣传

13. 您认为城市的慢行系统的发展对社区的改造发展有长远的意义吗？[单选题]*

○ 有　○ 没有　○ 辩证看待

14. 您希望社区改造中最重要的包括哪些？[多选题]*

☐ 路面修复，方便出行　☐ 增加照明设施　☐ 改善环境绿化

☐ 增加活动区域、健身设施　☐ 文化植入　☐ 居民出入安全

☐ 其他 ___________________

15. 您认为小区是否应该有文化的植入？[单选题]*

○ 应该　○ 不应该　○ 无所谓

16. 您觉得社区跟上城市的发展，有必要吗？[单选题]*

○ 有必要　○ 没必要　○ 无所谓

17. 您希望打造什么类型的社区？[多选题]*

☐ 儿童友好型社区　☐ 适老化社区　☐ 法治社区

☐ 平安建设　☐ 党建引领

☐ 其他 ___________________

18. 您期望中的社区是什么样子的？[多选题]*

☐ 环境良好，干净卫生　☐ 人际和谐，邻里和睦　☐ 社区活动丰富

☐ 其他，___________________*

第八章
社区设计创新

01 社区美学探索

齐美尔曾经说过，城市是世界的艺术品。与拥有自然风貌或传统遗存的乡村相比，城市的美学往往不那么平易近人，大多来自恢宏的建筑体、入云的天际线和辉煌的商业亮化，作为城市最小单元的社区，通常被排除在城市美学系统之外。

社区治理是一个大的命题，而社区归根结底是美好生活共同体，需要呈现出有温度、有审美、有人文的宜居面貌。在社区设计的实践中，我们发现，社区美学探索是重要的，但又是普遍缺失的。接触这么多社区之后，我们深刻地感受到，每个社区都有原生的美学要素。社区营造常提到“人文地产景”，而这些隐入街巷、没入肌理的纤毫要素是需要有人去整理和发掘的。社区设计师在工作中行走社区，在生活中漫步都市，用一双经过专业训练的慧眼，发现社区的美，将社区的美加以表现和传播，为居民揭去日常忙碌对感受力的遮蔽，让他们看到自己生活的地方其实是多么的可爱可亲。

因此，在社区美学的探索上，我们从不懈怠。以我们团队所在的南京这座城市为例，南京是世界文学之都，从建城始，文脉不断。我们把社区里发生的文学故事，比如张恨水笔下的清凉山社区、白先勇书中的大方巷社区，都一一挖掘出来，让文学走入社区居民的日常生活，让社区的人文厚度得以显现，而我们坚信，人文厚度便是居民生活质感的基础。金陵社色项目，致力于发现每个社区独特的色彩，以色彩为载体，提升社区在人们眼中的美学印象。以宁海路街道颐和路社区为例，每到初夏的时候，社区里美丽的蔷薇如此赏心悦目，那就是我们社区独有的风貌。只有当这些美好被全体居民所感知，形成社区情感和社区记忆，社区情感共同体和社区文化共同体的理念才能深入人心。

青羊区苏坡街道清源社区美学空间

社区美学的意义不仅仅在于美对于人的情感的感召力，社区空间的美还能够为社区治理赋能。

因美而富

清源社区以“乡愁”为主题营建社区美学空间，并引入茶、书、琴、绣这4个精心招引的社区商业项目，每年的经营流水达3000万元。商业项目良好的运营状态也真正鲜活了这个社区公共空间，诠释了社区美空间的逻辑和价值。

社区班子认为社区除了提供基础性服务外，更重要的是提供增值性服务，这是提升社区品质的抓手。这其中有一个治理理念的转变——从基础治理到发展治理，社区空间除了具备党群中心这种功能性载体外，还要有发展载体，即社区要实现自我造血。这也是清源社区美学生活馆4个商业项目良好运营的底层逻辑。

以美而聚

清源社区将建设社区美学空间的目的清晰设定为更多地满足群众要求、更好地为群众服务，因此，对于引入的社区商业项目，社区坚持前期扶持孵化、后期反哺的原则，从最初只做茶艺师培训，慢慢发展成一个面向居民的既品茶又学艺的真正的社区公共空间。蜀绣工作室的创始人，一开始也是作为清源社区非遗文艺公益课程的老师，经过文化浸润、技艺培训、产业售卖的商业板块补足，才真正成为一个美空间商业项目。还有业态搭配集约发展，书院里有咖啡吧，古琴馆里内置了旗袍定制服务，这些项目都是基于群众文艺兴趣发展起来的，现在社区还孵化出了一支旗袍表演队伍，在社区有礼仪需求的时候，可以转化为服务力量。

从美而兴

院坝茶艺、书院咖啡、抚琴会友、蜀绣优雅，这不仅构成清源社区美空间的文化统一性，更形成了格调一致、互相促进的商业生态。在清源社区看来，一个合格的社区美空间可以从4个指标来审视：第一是人流量，这是“美”的最直接体现，能吸引人来；第二就是经营流水，“美”有价值才可持续；第三就是居民满意度，“美”真正服务了居民才是不失初心；第四是政府满意度，这是商业空间和社区空间的平衡尺度。一句话来说，社区美空间不仅要美经济还要有美效应。

因美而富、以美而聚、从美而兴。社区空间带来的经济效益是有限的，但带来的治理效应是无限的，而且随着人与空间互动，还会潜移默化地持续发挥作用。清源社区还提供了一个值得思考的理解：城市规划只下落到片区、街道的层面，社区空间的营造是不是可以看作是对城市规划的一个补充，通过家门口的空间建设，真正打通治理的最小单元，打通毛细血管。

02 创造知识的社区

社区不仅是居住的场所，也是分享知识和学习的场所。每个社区综合服务中心都会为居民开展活动提供场所，条件好的社区还会为不同类型的活动配备不同的空间及设施设备。事实上，社区目前开展的大部分活动都和知识分享相关，如为老人提供的智能手机使用培训课程、养生知识讲座，为待岗人员提供的就业培训，或者为孩子们开展的科普活动、阅读活动等。相关政策也指出，新时代文明实践中心应为居民提供五大平台，其中就有文化平台、教育平台和科技科普平台，社区和街道都承担着传播知识的职责。

社区也是青少年文化教育和道德教育的重要空间，是学校教育空间的重要补充。在全员育人、全过程育人、全方位育人的“三全育人”模式下，社区的作用必不可少。社区拥有非常丰富的教育资源，如环境教育、道德教育、传统文化教育、交通安全教育、法制教育等，如果社区能够有意识地开发和使用自身的教育资源，与学校或家庭合作联动，可为辖区内的青少年提供更为丰富的教育服务。需要特别指出的是，对于青少年个体来说尤为重要的家庭教育，就发生在社区内，社区应对家庭教育提供充分支持。

社区也是创造新知识的场所。知识转化和创造是在一定的场所里进行的，知识创造理论专家野中郁次郎和同事提出了“场理论”。“场”是知识分享、创造和使用的背景环境。为了更有效地创造新知识,需要提供或创造合适的知识创造场。“场”的边界由参与者设置，不受历史限制，具有“即时即地”的特点。“场”被创造出来，发挥作用，然后消失，一切根据需要。野中郁次郎和同事将“场”分为四类：创始场，对话场，整合场，练习场。

社区是一种特定的“场”， 基于知识创造的研究视角，结合知识创造理论与社区的实际运行过程，我们将发生在社区内的一次完整的知识创造过程划分成五个重要的节点：

1. 个体知识积累

居民从社区的外界获取与创新相关的显性知识，然后结合自身对产品或服务的个性化需求，在对外界获取的知识进行消化吸收后，能够转化为具有居民自身特性的新隐性知识，从而增加个体知识量。

2. 隐性知识共享

在社区里，居民们在合作解决问题的时候，会观察模仿社区其他居民并通过实践等方式从其他居民那获得隐性知识。因此，社区中居民间各种隐性知识通过这些方式互相传递吸收，达到隐性知识共享状态，并由此衍生出新隐性知识。

3. 创意概念化

社区居民在共同提出和解决问题的过程中，借助文字、图片等显性化的表达方式将隐性知识表达出来，通过交流，逐渐形成了创意概念。

4. 创新具体化

社区对逐渐完善的显性创意概念进行吸收、分析、选择和补充，对不同的创意加以汇整及处理，使之具体化，变成创新方案。

5. 创新现实化

社区将形成的创新方案投入实际生产中获得最终的创新成果，以实现概念创意到具体创新的核心转变。

在小小的社区花园里挖呀挖呀挖

社区工作者通过实地调查、访谈等途径发现社区绿化的不足之处，或居民提出社区绿化存在问题，希望得到整治的建议，社区进行实地评估，提出打造社区花园的想法。

整合社区资源，充分发挥社区居民的主体性，寻找热心园艺的社区能人，邀请他们参与社区花园的建设。

在专业设计团队的指导下，居民参与社区花园的设计，居民可以从专业设计团队那里获取相关的显性知识，结合自己的理解，吸收外界显性知识，并将其转化为具有居民自身特性的新隐性知识，并且结合社区的实际情况，提出有针对性的方案。

将熟悉社区环境、有相关经验的居民组织起来，共同进行堆肥、种植、管理，铺地皮、抬石子铺路、利用厨余等进行厚土栽培等，打造社区花园，将创意落地，在实践中检验其可行性，并进行反思。

社区居民进行长期维护，提高社区花园建设的可持续性，不断创造新知识，也吸引更多居民到社区建设中来，壮大社区营造的队伍，大家一起进行交流互动、总结和反思。

将营造过程进行整理归纳，形成社区花园治理手册，分享营造经验，创造新知识并进行传播与分享。

03 中国特色社区营建

社区，最早出现在德国社会学家滕尼斯于1887年出版的《社区与社会》一书中，他将“社区”定义为基于共同生活的“共同体”。当中国社会学家吴文藻邀请社会学芝加哥学派的代表人物R.E. 帕克访华至燕京大学讲学时，帕克将“社区”这一概念带到了中国。帕克引入的“社区”，更为强调社区的空间属性，即每个社区都有自己的区域，而社区由居住在该区域内的个人组成。中国社会学派从来就很注重理论和中国实践的结合，吴文藻和费孝通师生在研究“社区”时，不仅在文本上调整了概念，而且赋予其新的含义。吴文藻强调，文化是社区研究的核心要素，他主张实地研究：“大家本着同一的区位的或文化的观点和方法，来分头进行各种地域不同的社区研究，以树立中国社区社会学的基础。”费孝通则将“社区”视为研究中国问题的一个视角和重要内容，从《江村经济》到《小城镇大问题》，他以城乡群落为基础，先研究两者内在问题，进而研究城乡关系问题。

志愿者精神通常被认为是西方传入的价值观，发达国家将其纳入国家和社会治理的体系中。联合国将志愿精神定义为“公众参与社会生活的重要方式”，是“个人对生命价值、社会、人类和人生观的一种积极态度”。志愿服务进入中国虽然较晚，起始于20世纪80年代，殊不知正是中国传统文化提出的“仁爱”及其数千年来对于社会道德的教化，为今天被普遍推崇的“奉献”“关爱”“互助”等志愿服务理念提供了深厚的精神土壤。孔子说，“仁者爱人”“泛爱众，而亲仁”。孟子云，“老吾老以及人之老，幼吾幼以及人之幼”，这黄发垂髫都可脱口而出的言语，正是中华民族求善、博爱的价值观表达。

中国传统文化也非常强调人的德行。孔子提出“进德修业”，在论语中说“君子怀德”，特别提到了德行对于社会关系和社会资本的作用——“德不孤，必有邻”，有道德的人，必然会具有亲和力，会得到尊重和亲近。诚实守信、以礼待人、修己安人，都是美好的道德品质，是理想社区中人与人之间的相处状态。我们提倡“仁”“德”，期望这些深深置入中国人精神基因中的美德会帮助我们建立一个完善的公民社会，在这个社会中，人人都向善行善，友爱互助，每个人都有美好的生活。

心向善，需行动。论语有言，“讷于言，敏于行” 及“先行其言而后从之”。我们的祖先从不坐而论道，深知行动才是解决问题的要义。困知勉行，我们从书本中汲取知识，从实践中积累经验，再从思考中形成智识。知行合一，让我们成为更有能力的社会创新者。关注社区治理，就是关注我们自身；参与社区设计，就是设计我们作为个体存在的场景。一件意义非凡的事情，值得我们深入探索和行动。行远自迩，社区的美好由你我共建。

参考文献

[1] 陈建胜 . 文化共同体的形塑：以社区文化中心为例 . 中国社会科学出版社，2019.

[2] 刘新，张军 . 可持续设计 . 清华大学出版社，2022.

[3] 王国胜 . 触点：服务设计的全球语境 . 人民邮电出版社，2016.

[4] 戴力农 . 设计调研（第 2 版）. 电子工业出版社，2016.

[5] 张雯 . 城市更新实践与文化空间生产 . 上海交通大学出版社，2019.

[6] 张继军 . 让社区治理活起来：基于“开放空间会议 +”的理论与实践 . 中国社会科学出版社，2021.

[7] 凤凰空间 . 寻找地景：地域性文化景观设计实践 . 江苏凤凰科学技术出版社，2016.

[8] 刘静伟 . 设计思维（第二版）. 化学工业出版社，2018.

[9] 王杰秀 . 城乡社区治理创新观察报告 . 中国社会科学出版社，2021.

[10] 税琳琳，郭垭霓 . 设计思维行动手册 . 人民邮电出版社，2021.

[11] 马库斯·布伦纳梅尔 . 韧性社会 . 余江，译 . 中信出版集团，2022.

[12] 阎峰 . 场景即生活世界：媒介化社会视野中的场景传播研究 . 上海交通大学出版社，2018.

[13] 肖金花 . 超大城市自助养老服务设计 . 化学工业出版社，2021.

[14] 赵世瑜 . 在空间中理解时间：从区域社会史到历史人类学 . 北京大学出版社，2017.

[15] 东方治 . 街道社区党建工作手册 . 国家行政学院出版社，2011.

[16] 李林 . 新时代乡村公共文化空间重构研究 . 华中科技大学出版社，2021.

[17] 彭宗峰 . 社区治理的历史嬗变：一种知识社会学考察 . 中国社会科学出版社，2022.

[18] 斐迪南·滕尼斯 . 共同体与社会：纯粹社会学的基本概念 . 林荣远，译 . 北京大学出版社 , 2010 .

[19] 黎岷 . 社区管理与服务操作 . 人民邮电出版社 , 2021.

[20] 何显明等 . 城市治理创新的逻辑与路径：基于杭州上城区城市复合联动治理模式的个案研究 , 2015.

[21] 李智超 . 乡村社区认同与公共事务治理：基于社会网络的视角 . 中国社会科学出版社 , 2015.

[22] 陈建胜 . 文化共同体的形塑：以社区文化中心为例 . 中国社会科学出版社，2019.

[23] 张和清，杨锡聪 . 社区为本的整合社会工作实践：理论、实务与绿耕经验 . 社会科学文献出版社 , 2016.

[24] 潘泽泉 . 行动中的社区建设：转型和发展 . 中国人民大学出版社 , 2014.

[25] 郑中玉 . 社区的想象与生产 . 中国社会科学出版社 , 2016 .

[26] 贾立敏 . 德育空间论 . 中国社会科学出版社，2021.

[27] 杨清平，李柏山 . 公共空间设计 . 北京大学出版社，2019.